DAS GROSSE SÄCHSISCHE MÜHLENBUCH

Herausgegeben von
Eberhard Bräunlich
und Matthias Zwarg

DAS GROSSE SÄCHSISCHE MÜHLEN BUCH

Chemnitzer Verlag
Das Buchprogramm der Freien Presse

Das große sächsische Mühlenbuch
Schutzumschlag: Bockwindmühle Großwig, Foto: Andreas Judefeind
Rückseite: Niedere Mühle Schönau, Foto: W. H. Schmidt

Bildnachweis
Karte: Ariane Bühner
Zeichnungen: Angelika Zwarg

1. Auflage, April 2006

Gestaltung: Kassler Grafik-Design Leipzig
Gesamtherstellung: Westermann Druck Zwickau GmbH

ISBN 3-937025-22-7

www.freiepresse.de

Es klappert die Mühle …

Ein Wort zuvor

Kaum ein anderes Arbeitsgerät des Menschen siedelt so oft in Märchen, Liedern und Sagen der Völker. Und wirklich, als man begann, zwischen zwei Steinen die wilden Früchte des Korns zu zerreiben, als man begann, Brot zu backen, begann auch die Geschichte der Mühlen. Schon in der Antike werden bei Vitruv die ersten mit Wasser angetriebenen Mühlen beschrieben, und die erste Windmühle wird 833 nach Christi erwähnt.

Das Brot, die wichtigste Nahrung unserer Kultur, ist nicht denkbar ohne die Entwicklung der Mühle. Und nicht zufällig ist der Familienname Müller so weit verbreitet, wie es einstmals das Gewerbe der Müllerei war. Die Mühle nutzte die Natur auf vielfältige Weise. Antrieb waren das Wasser und der Wind. Zu Beginn des industriellen Zeitalters entstanden die ersten Dampfmühlen, in Deutschland wurde 1825 die Dampfmühle in Magdeburg aus der Taufe gehoben. Die Zeit der Mühlenromantik verlor sich seitdem in die technischen Erfindungen. Es klapperten nur noch wenige Mühlen am rauschenden Bach, und die Windmühlen, die einstmals die Hügel und Berge besetzt hielten, sie verschwanden – bis sie in unseren Tagen als moderne „Windparks“ wieder auflebten.

Doch das Vergangene ist nicht vergangen, solange es nicht vergessen ist, überall in unserem Land existieren die verschiedenen Formen der Mühlen und ihrer Kultur weiter. Unser Buch erzählt Geschichten aus dieser Geschichte. Es bietet die Bilder der Windmühlen, der Wassermühlen, die heute oft als museale Anlagen betrieben werden – die Papiermühle ebenso wie die Kornmühle, die Sägemühle und das Wasserrad als Antrieb der frühen Hammerwerke. Wir erleben in diesen technischen Denkmalen unsere Geschichte. Eine Geschichte, die viele Menschen so sehr fasziniert hat, dass sie sich der alten Mühlen angenommen, sie oft mit großem persönlichen Einsatz wieder aufgebaut und restauriert haben. Ohne diese Menschen gäbe es dieses Buch nicht. Sie kennen zu lernen, war für die Autorinnen und Autoren dieses Buches ein Erlebnis, sind doch die modernen Müller von ganz besonderer Art: Aufopferungsvoll engagiert sind sie für „ihre“ Mühle, bestens informiert über die Geschichte, einfallsreich und gastfreundlich sind sie, wenn es darum geht, Gäste in die Mühlen zu locken – wovon nicht nur die Besucherströme beim alljährlichen Mühlentag zu Pfingsten zeugen. Viele der neuzeitlichen Müllerinnen und Müller sind im Sächsischen Landesverein für Mühlenerhaltung und Mühlenkunde e.V. organisiert, für dessen freundliche, unkomplizierte und zuverlässige Unterstützung sich die Herausgeber herzlich bedanken.

Das Wandern ist des Müllers Lust, heißt ein schönes Volkslied, und vielleicht hat dies für uns eine neue Bedeutung bekommen: Wir wandern, wir wandern zu den Mühlen. Ob wir nun durch das vogtländische Dörfchen Syrau gehen, hinaus auf die zugewachsene Höhe, auf der die Windmühle steht, wir suchen ein Stück unserer Identität. Manche seltene Mühle existiert in Sachsen, Ölmühlen, Schiffsmühlen und Kupferhämmer, die Knochenstampfe. Gelegentlich ist von der Mühle auch nur die Gastlichkeit geblieben. Manche Mühle harrt auch noch ihrer Auferstehung – aber selbst ein Blick auf die Überreste der historischen Bauwerke gibt uns noch einen Einblick in den Erfindungsreichtum unserer Vorfahren.

Es kehren nicht nur die Geister zum Mühlenkaffee und frischen Brot ein. Das Klappern der Mühlen am rauschenden Bach ist uns nicht unvertraut, wenn wir an den Hammer in Frohnau denken oder an die alte Papiermühle in Niederzwönitz. Und an viele andere Mühlen auch, die unser Buch in Bild und Text vorstellt. Die schönsten Mühlen Sachsens haben wir versammelt, so hoffen wir.

Eine Aufforderung zur Begegnung auf den Seiten dieses Buches und in der Wirklichkeit.

Klaus Walther und Matthias Zwarg
Chemnitz, im April 2006

Mühlenanwesen in Kottmarsdorf, Ostsachsen
Foto: W. H. Schmidt
Teichmühle Großhartmannsdorf ▸

Inhalt

Ein Wort zuvor 5
Inhaltsverzeichnis 7
Mühlengeschichte 8
Mühlenarten in Sachsen 14
Die Katzenmühle, Krabat und andere Mühlensagen 20

MÜHLEN: SÜDWESTSACHSEN 22
Frohnauer Hammer Annaberg-Buchholz 24
Mühle Langenchursdorf 27
Neubert-Mühle Mittelschmiedeberg 30
Weigelmühle Rittersgrün 32
Wetzelmühle Niederfrohna 34
Obermühle St. Peter Niederlungwitz 36
Sägewerk und Mühle Wolkenburg 40
Eisenhammer Dorfchemnitz 44
Mittelmühle Friedebach 46
Wünschmannmühle Krummenhennersdorf 48
Dampfsägewerk Mulda 50
Spanziehmühle Grünhainichen 52
Rochhausmühle Grünhainichen 54
Ölmühle Pockau 57
Ölmühle Kleinneuschönberg 60
Kupferhammer in der Saigerhütte Olbernhau-Grünthal 62
Wasserkraftwerk Nennigmühle Pockau 64
Süss-Mühle Raschau 66
Drehwerk im Freilichtmuseum Seiffen 69
Rolle-Mühle Waldkirchen 72
Knochenstampfe Zwönitz-Dorfchemnitz 74
Papiermühle Niederzwönitz 78
Wiesenmühle Thalheim 80
Klopfermühle Lengenfeld 82
Klatschmühle Schlunzig 85
Windmühle Syrau 88
Kreutzsteinmühle Blankenhain 90
Niedermühle Schönau 92
Herrenmühle Schwarzenberg 96
Mühlensprüche 98

MÜHLEN: LEIPZIG & NORDSACHSEN 100
Bergschiffmühle Bad Düben 102
Stadtmühle Bad Düben 104
Schanzenmühle Tautendorf 107
Bockwindmühle Reibitz 110
Wassermühle Dölitz 112
Wasser- und Schiffsmühle Höfgen 115
Bockwindmühle Ballendorf 118
Paltrockmühle Audenhain 121
Mühle Großwig 124
Wassermühle Simselwitz 126
Der letzte Müller 128

MÜHLEN: DRESDEN & OSTSACHSEN 132
Fehrmannmühle Coblenz 134
Riegel-Mühle Nechern 137
Zschoner Mühle Dresden 140
Niedermühle Lawalde 142
Niedermühle Graupzig 144
Lehmannmühle Klipphausen 146
Turmholländermühle Pahrenz 148
Max-Bähr-Mühle Bad Gottleuba 151
Mühle und Bäckerei Bärenhecke 152
Mühle Colmnitz 154
Weicheltmühle Reichenau 157
Windmühle Reichstädt 160
Gottfried Schumann Letzter Mühlenbauer Sachsens 163

Weitere Mühlen in Sachsen 166
Auf Mühlentour in Sachsen 172
Übersichtskarte 174

Die Mühlen der Zeit – die Zeit der Mühlen

Windmühle bei Zwochau, nördlich von Leipzig. Foto: Matthias Zwarg

Die Entwicklung vom Reibstein vor Jahrtausenden bis zu den großen Mühlenwerken unserer Zeit ist einerseits ein dynamisches Kapitel der Mühlengeschichte, andererseits aber auch beispielhaft für die Entwicklung der menschlichen Gesellschaft überhaupt. Typisch für Urgesellschaft und Sklavenhaltergesellschaft war die manuelle Herstellung der Existenzgrundlagen, auch des Mehls, durch die Mitglieder der Familienverbände oder durch Sklaven, anfangs mit Reibsteinen oder in Mörsern, später mit Schwenkmühle oder Handdrehmühle. Jeder Haushalt hatte seine Mühle, die in der Regel von Frauen bedient wurde. Vermutlich in Gegenden oder Zeiten, da Sklaven nicht ausreichend verfügbar waren, ging man zu anderen Antriebskräften über: um 500 v. Chr. im östlichen Mittelmeergebiet zu den ersten Tiermühlen, um 100 v. Chr. zu den ersten Wassermühlen mit horizontalem Rad in Anatolien – einem Gebiet mit Bauernwirtschaften, die in mancherlei Hinsicht Merkmale trugen, die andernorts erst im Feudalismus ausgeprägt hervortraten. Die gewerblichen Bäckereien römischer Städte selbst hatten 50 v. Chr. Drehmühlen. Deren Bedeutung war anfangs gering, da der Mühlenantrieb durch Tiere oder Sklaven billiger war. Vom dritten Jahrhundert an aber stieg die Zahl der Wassermühlen stetig, je mehr in ersten Jahrhunderten unserer Zeitrechnung die Beschaffung von Sklaven zu einem Problem wurde.

Auch die Erfindung der Schiffsmühlen bei der Verteidigung Roms gegen die Ostgoten 536 bezeugte nicht nur die Aufschlagwasserzufuhr zu den Wassermühlen, sondern auch den Mangel an Sklaven und Tieren und damit die Notwendigkeit, eine neue technische Lösung für die Getreidevermahlung zu finden. Wo in Mitteleuropa römischer Einfluss nicht spürbar war, deckte man zu Begin des Mittelalters den Mahlbedarf noch mit Handdrehmühlen, wohl bis ins 12. Jahrhundert.

Der Feudalismus, in Mitteleuropa etwa von 500 bis 1800 vorherrschend, war vom Lehnsystem bestimmt. In diesem wurde der Besitz wesentlicher Produktionsmittel, wie Ackerland, Erzvorkommen und eben auch Mühlenstandorte, von den höheren an den niederen Lehnsherren und schließlich an die Bauern, Bergleute bzw. Müller verliehen, die dafür entsprechende Abgaben zu zahlen hatten. Persönlich waren die Müller im Lehnsystem ebenso frei wie Zunfthandwerker und Bergleute. Da sie in der Regel zugleich Mühlenbauer waren, konnten sie über technische Neuerungen selbst entscheiden. So sind ab etwa 1350 neben den unterschlächtigen auch oberschlächtige Wasserräder nachweisbar.

Ebenso wurden Schiffsmühlen auf allen größeren Flüssen eingeführt, zumal in deren Gebiet Gefälle für den Betrieb von Wasserrädern ortsfester Mühlen kaum verfügbar war.

Innerhalb des Lehnsystems sind für Mühlen und Müller noch verschiedene Besonderheiten bemerkenswert. Gemäß der kirchlichen Grundlage des Alltagslebens in jener Zeit hatten auch die Müller ihre Heilige, und zwar St. Christina von Bolsena, später auch Johann von Nepomuk, sowie St. Vinzenz.

Die Mühle nutzte man auch als Symbol für kirchliche Aussagen. Der um 1440 geschaffene Schnitzaltar der St.-Thomas-Kirche in Tribsees zeigt als zentrale Darstellung

Eisenhammer Dorfchemnitz: Die Hauptwelle aus Eichenholz für den Antrieb der zwei Schwanzhämmer ist 9,5 Meter lang und liegt in Specksteinlagern. Der Durchmesser an den Nockenkränzen beträgt rund einen Meter. Foto: Andreas Judefeind

eine „Sakramentsmühle“. Zu beiden Seiten bedienen je sechs Apostel jeweils ein Wehr, das Wasser auf die Mühle bringen soll. In der Mitte schütten die Evangelisten die Worte des Evangeliums in den Rumpf eines Mahlganges. Unter dem Rüttelschuh sieht man die Mühlsteine und unter diesen empfangen die vier Kirchenväter das menschgewordene Wort Gottes in Gestalt des Jesuskindes in einem Kelch vor dem Kammrad des Getriebes.

Die Häufigkeit des Familiennamens Müller bietet gleich mehrere historische Aussagen. Als im 13./15. Jahrhundert die Familiennamen entstanden, hatte in Mitteleuropa der Übergang von der Handdrehmühle zu technisch komplizierteren Mühlen, Arbeitsteilung und die Herausbildung des Berufs des Müllers zur Folge. Da es in der Regel im Dorf nur eine und in Städten nur wenige Mühlen gab, konnte diese Berufsbezeichnung zugleich Unterscheidungsmerkmal von Männern gleichen Vornamens und in der Folge Familiennamen werden. Das geschah in vielen Dörfern und Städten, woraus heute die Häufigkeit des Namens resultiert. Gleiches gilt allenfalls noch für Schmiede und die Dorfschulzen. Die Familiennamen Obermüller und Niedermüller entstanden, wo in einem Dorf zwei Mühlen zu unterscheiden waren. Unzählige Flur- und Straßennamen weisen heute noch auf viele Mühlenstandorte hin.

Windmühlen gab es in Westeuropa seit etwa 1150, seit 1250 auch in Mitteleuropa dort, wo Wasserkraft nicht oder nicht ausreichend verfügbar war.

Im 18. Jahrhundert, zum Teil durch die verstärkte Einführung des Eisens als Maschinenwerkstoff, häuften sich die Neuerungen bei den Getreidemühlen so, dass sich eine neue Epoche auf technischem und wirtschaftlichem Gebiet ankündigte. Dabei ging die industrielle Revolution nicht von den Ge-

Riegel-Mühle Nechern: Müller Steffen Bundemann schmiert das Zuppinger-Wasserrad der Mühle. Foto: Hendrik Jattke

Papiermühle Zwönitz. Foto: W. H. Schmidt

treidemühlen, sondern vom Textilgewerbe Englands aus.

Ein besonderes, die Getreidemühlen berührendes Problem waren damals die Antriebsmaschinen. Die Textilmaschinen erforderten Antriebe, die kräftiger als menschliche oder tierische Muskelkraft (Handkurbel oder Göpel) waren. Bevor die Dampfmaschine ihren Siegeszug antrat, nutzte man als Kraftmaschine für Textilfabriken die Wasserräder. Da diese an den Ort der Wasserkraft gebunden waren, traten die Textilfabriken an die Stelle der Mühlen. Im 19. Jahrhundert übernahmen Turbinen den Antrieb, es entstanden Holzwaren-, Papierfabriken und andere. An vielen Orten sind heute noch solche Produktionsstätten dort zu sehen, wo in den Jahrhunderten zuvor Wassermühlen das Getreide der umliegenden Dörfer zu Mehl für das tägliche Brot zu mahlen hatten.

Eberhard Bräunlich

Buschmühle Zwönitz. Foto: W. H. Schmidt

Kleine Zeittafel zur Mühlengeschichte

Ca. 1600 v. Chr.	Älteste Funde von Reibsteinen
Ca. 1500 v. Chr.	Erste Drehmühlen im Tal des Indus
Ca. 1200 v. Chr.	Erste Erwähnung der Mühle
Ca. 550 v. Chr.	Erste Gewinnung von Öl aus Oliven
Ca. 200 v. Chr.	Erste Erwähnung von Wasserrädern
Ca. 100	Erste Drehmühlen bei den Germanen
Ca. 200	Erste oberschlächtige Wasserräder
368	Erste Erwähnung von Wassermühlen in Deutschland
536	In Rom werden Schiffsmühlen gefunden
950	Erste Windmühlen mit vertikalem Wasserrad
987	Erste Erwähnung einer Schiffsmühle im östlichen Deutschland
1200	Aufkommen der Bockwindmühlen in Deutschland
1222	Erste Nennung einer Windmühle in Deutschland
1415	Erste Kokerwindmühle in Holland
1560	Erste Turmwindmühle in Sachsen
1650	Erfindung der Graupenmühle in Deutschland
1745	Erfindung der Windrose in England
1782	James Watt baut Dampfmaschine mit Drehbewegung
1842	Erste Turbine in einer Mühle in Deutschland
1875	In Deutschland entstehen zahlreiche Großmühlen
1880	Erste deutsche staatliche Müllerschule in Chemnitz
1881	Fachschule für Müller in Halle gegründet
1889	Gründung des Deutschen Müller-Gesellen-Verbandes
1909	Erstes Patent für pneumatische Getreide- und Mehlförderung in Mühlen
1927	Servoregelung am Walzenstuhl eingeführt
1934	Erstmals eine Mühle (Syrau) gesetzlich als Denkmal geschützt

Freibergsdorfer Hammer ▸

Mühlenarten in Sachsen

Wasser, Wind und Dampf

Die Auseinandersetzung der Menschheit mit der Natur um bessere Lebensbedingungen lässt sich in der Entwicklung der Mühlen eindrucksvoll nachvollziehen. Eines der gebräuchlichsten Unterscheidungsmerkmale ist die Einteilung der Mühlen nach ihrer Antriebsart. Schon Jahrhunderte vor Christi haben unsere Vorfahren, die ihr Mahlgut zuvor zwischen Steinen zerrieben, das Wasser und den Wind als Antriebskräfte erkannt, bevor im 18./19. Jahrhundert mit der Erfindung von Verbrennungs- und Elektromotoren die industrielle Revolution auch den Mühlen ihren Stempel aufdrückte und die Mühlenlandschaft noch einmal nachhaltig veränderte.

Wassermühlen

Wassermühlen entstanden – wie es der Begriff schon andeutet – vor allem in jenen Gebieten, wo ausreichend und fließendes Wasser vorhanden war. Je nach Geländeart wurden ober-, mittel- und unterschlächtige Wasserräder installiert. Schlaue Müller riegelten Fluss- oder Bachläufe so ab, dass Teiche entstanden, die nach Bedarf dem Wasserlauf zugeschaltet werden konnten. Das versetzte die Müller in die Lage, auch in Trockenzeiten über mehr oder weniger genügend Antriebsenergie zu verfügen.

Klopfermühle Lengenfeld im Vogtland, letzte Wassermühle der Region. Foto: W. H. Schmidt

Schiffsmühlen

Eine besondere Variante der Wassermühlen sind die Schiffsmühlen. Auf starken Pontons gelagert, konnten sie auf Flüssen unterschiedlicher Strömungsstärken transportabel eingesetzt werden. In Höfgen bei Grimma existiert eine wiederaufgebaute, funktionierende Schiffsmühle.

Die rekonstruierte Schiffsmühle in Höfgen dient unter anderem Forschungszwecken. Foto: Jens Kraus

Bockwindmühle Großwig: Die Mühle steht noch am Originalstandort. Bis in die Siebzigerjahre wurde hier noch Getreide gemahlen. Foto: Andreas Judefeind

Windmühlen

Windmühlen entstanden vor allem in jenen Gegenden, wo für den Mühlenbetrieb kein oder nur zu wenig Wasser genutzt werden konnte. Dazu eigneten sich ausschließlich windsichere Gebiete, die den Müller das ganze Jahr über mit dem nötigen „Treibstoff" versorgten.

Bockwindmühlen

Zu den bekanntesten und ältesten Windmühlen zählen die Bockwindmühlen. Ihr Name leitetet sich aus ihrer Bauweise ab. Auf einem sogenannten Bock ist die gesamte Mühle drehbar gelagert. Ein herausragender Sterz dreht die Mühle in den Wind. Ihre Bauweise machte diesen Mühlentyp transportabel – sie konnte so bei Bedarf an einen anderen Ort verlagert werden, was durch wechselnde Eigentums- und Wetterbedingungen früher keine Seltenheit war. Die Bockwindmühle ist heute noch in verschiedenen Teilen Sachsens als beeindruckendes Zeugnis aus den Anfängen des Mühlenwesens erhalten.

Holländer-Windmühlen

Die Bockwindmühle erhielt im Laufe der Jahrzehnte Konkurrenz durch die von Holländern gebauten und deshalb nach ihnen benannten Holländer-Windmühlen. Bei dieser Mühlenart wurde der Unterbau gemauert. Der Oberbau – die zumeist achteckige Mühlenhaube mit dem Mühlenkreuz – wurde in den Anfangsjahren in die jeweilige Windrichtung gedreht. Findige Köpfe erfanden später die Windrose, die sich von allein den günstigsten Gegenwind sucht.

Die Turmholländermühle in Pahrenz hat eine drehbare Turmhaube und dreht ihre eisernen Windmühlenflügel automatisch in die richtige Richtung. Die Windkraft wird mittels unterirdischer Welle sogar in die nebenan befindliche Schroterei übertragen. Foto: Andreas Judefeind

Die Paltrockwindmühle in Audenhain lässt bei jeder Gelegenheit ihre Flügel im Wind drehen. Die ehemalige Bockwindmühle stellt sich mit Hilfe eines kleinen, seitlich ausgerichteten Windrades automatisch in die richtige Richtung. Foto: Andreas Judefeind

Turmwindmühlen

Den Holländermühlen ähneln den nur noch selten anzutreffenden Turmwindmühlen. In zylindrisch gebauter Form konnten sie sich nicht selbstständig in den richtigen Wind drehen und deshalb nur bei einem bestimmten Einfallswinkel des Windes betrieben werden.

Koker- oder Wippmühlen

In küstennahen Regionen haben sich Koker- oder auch Wippmühlen einen Namen gemacht. Sie arbeiten im Prinzip wie die Bockwindmühlen, der Bock hat aber ein verkleidetes Gehäuse. Sie dienen der Entwässerung von Wiesen und Feldern, die tief liegen und deshalb von sich ansammelnden Wassermassen entsorgt werden mussten. Ihren Namen erhielten sie durch die wippende Bewegung im Pumpbetrieb.

Paltrockmühlen

Zu den jüngsten Mühlen gehört die Paltrockmühle. Technisch ist sie eng mit der Holländermühle verwandt. Der Mühlenkörper ist über Rollen auf einem ringförmig aufgelegten Fundament drehbar gelagert. Den Namen erhielt dieser Mühlentyp nach seinem Aussehen. Das Gebäude ähnelt einem Gewand pfälzischer Einwanderer in Holland, das die Niederländer Pfalzrock (Faltenrock) nannten.

Industriemühlen

Dampfmühlen

Das Zeitalter der industriellen Revolution (18./19. Jahrhundert) veränderte auch die Mühlen. Es entstand die Industriemühle. Die Erfindung der Dampfmaschine, die Ablösung von Wasserrädern durch Turbinen und der Elektromotor führten zu einer bisher nicht gekannten Leistungsexplosion. Typische Vertreterin dieser neuen Mühlengeneration ist die Dampfmühle. Dem Wasserrad wurde die benötigte Wassermenge von einer Dampfmaschine zugeführt. So konnte eine Mühle mehrere Wasserräder und Mahlgänge gleichzeitig betreiben. Zunehmend wurden Verarbeitungs- und Förderprozesse mechanisiert. Dies ging mit der weiteren Spezialisierung der Mühlen einher.

Ölmühlen

Ölmühlen haben sich auf die Herstellung von Ölen für viele Wirtschaftszweige (Speisen, Farben, Kosmetik, Seife, Medizin und anderes) konzentriert.

Leinöl – Spezialität aus dem Erzgebirge wird in Dörnthal gepresst. Die alte Mühle ist seit Generationen in Familienbesitz.
Fotos: W. H. Schmidt

Knochenstampfen

In Knochenstampfen wurden Knochen zu hochwertigen Düngemitteln verarbeitet.

Säge- und Hammerwerke

Aber auch Säge- und Hammerwerke bedienten sich des Wassers als Energiequelle und waren deshalb streng genommen Mühlen.

Knochenstampfe. Foto: W. H. Schmidt

Es ist ein Glücksumstand und vor allem der Tatkraft der Mühlenbesitzerinnen und -besitzer zu danken, dass es in Sachsen funktionstüchtige Denkmale und auch noch arbeitende Mühlen fast aller Bau- und Produktionsarten gibt.

Eberhard Bräunlich/Matthias Zwarg

Technisches Museum „Frohnauer Hammer".
Foto: Brigitte Streek

Die Katzenmühle, Krabat und andere Mühlensagen

Wo es Wasser und Wind gibt, da klapperten einst die Mühlräder. Und bald schon siedelten sich am Wasserrad und am Kornboden Geschichten an. Sagen und Legenden gehören seit langem zur Landschaft der Mühlen. Mühlensagen gehören zu den ältesten Sagenstoffen, und sie verknüpfen sich oft mit Teufels- oder Zaubersagen. Auch im sächsischen Raum existiert dieses Sagengut, das sich manchmal ins Literarische bewegt. Die Geschichte von der Katzenmühle hat Ludwig Bechstein in sein Sagenbuch aufgenommen und Jurij Brežan, der sorbische Erzähler, hat eine schöne Geschichte von Krabat geschrieben, einen sorbischen Fauststoff. Aber genug des Vorspruchs. Machen wir uns auf den Weg in die Sagenwelt.

Hinauf also zur Katzenmühle bei Buchholz. Wer sie heute finden will, der muss suchen, suchen und suchen. Wir aber wissen, dass sie irgendwo in der Nähe des alten Dörfleins am Schreckenberg gestanden hat. Und da setzte eines Tages der alte Müller an sein Haus einen kleinen Stall, damit der Esel nicht bei Wind und Wetter im Freien stehen musste. Doch kaum war der Esel in sein Quartier gezogen, da flogen ihm die Fetzen um die langen Ohren, denn der Müller hatte auf einem Teufelsplatz gebaut. Der Esel blieb also wieder hinter dem Haus bei Nacht und Wind, Sturm und Schnee und im Anbau rumorte es Tag und Nacht. Manchmal war es so laut, dass der Teufel mehr Lärm machte als die Mühlenräder. So vergingen die Jahre. Da kamen eines Tages zwei Bärenführer am späten Abend, als der Müller mit seiner Frau schon im Bett lag, ans Tor und baten um Quartier. Der Müller ärgerte sich, dass er so geweckt worden war und dachte, sollen sie zum Teufel gehen. Und er bot ihnen den Stall an, sagte aber, dass dort der Teufel hause. Aber die Bärenführer führten ihre großen Bären in den Anbau und legten sich selber nahe ans Mühlrad. Um Mitternacht erwachte der Müller, es rumorte und lärmte im Stall ganz fürchterlich. Nach einer Weile wurde es still, und am Morgen, als der Müller mit den Bärenführern nach den Tieren schaute, saßen die beiden Bären gemütlich auf dem Stroh und leckten sich ihre Pfoten. Von einem Teufel war weit und breit nichts mehr zu sehen. Der Müller bedankte sich bei den Bärenführern, gab ihnen ein reichliches Frühstück, und dann zogen sie von dannen. Doch am Abend klopfte es ans Mühlenfenster, und als der Müller öffnete, stand der Teufel draußen und fragte, ob denn die beiden großen Katzen noch im Stall seien. Ja freilich, sagte der Müller, die werden auch nie mehr fortgehen. Da fuhr der Teufel mit lautem Pfeifen in die Luft und wurde nie mehr gesehen. Aber alle Nachbarn lachten, als der Müller die Geschichte erzählte, und seither heißt die Mühle eben Katzenmühle.

Nun, der Teufel war nicht faul, er suchte sich eine neue Gelegenheit, und davon wird erzählt in der Geschichte von der wüsten Mühle im Trebnitzgrund. Nicht weit von Lauenstein, in dem Dörfchen Dittersdorf gab es zum Hammerwerk gehörig auch eine Mühle, die Herrenmühle. Und beides gehörte einem Mann namens Pressel, der, wo immer es ging, nach Gold und Geld grapschte. Selbst die Opferschale auf dem Altar während der Kommunion in der Liebauer Kirche war vor ihm nicht sicher. Denn da sah er doch ein neues Goldstück glänzen, und während der Pfarrer sich zur Seite dreht, steckte er es ein. Doch der Geistliche hatte den Frevel gemerkt, und er verkündete in Pressels Gegenwart die Schandtat und verfluchte den habgierigen Mann. Da wankte der nach Haus, legte sich nieder und starb nach drei Tagen. Aber als ihn seine Hammerknechte nun nach Liebau zu Grabe tragen wollen, überraschte sie ein Gewitter. Sie stellten sich in der Herrenmühle unter. Nur, als sie wieder aus dem Haus traten, war der Sarg verschwunden. Der Teufel hatte ihn wohl geholt. Seither war die Herrenmühle in Verruf geraten, und niemand wollte dort mehr mahlen lassen. Und um Mitternacht geht ein schauriges Geheul durch das Gemäuer, und die Leute sagen: Das ist der alte Pressel, der seine Ruhe sucht, aber er findet sie nicht.

Und noch ein drittes Mal wollen wir vom Teufel erzählen: die Geschichte von Krabat und dem Teufelspakt. Der kleine Krabat, geboren wohl in Eutrich bei Königswartha, war ein wissbegieriger, kluger Junge, dem es nicht reichte, die Kühe zu hüten. So begab er sich auf die Wanderschaft und kam in die Teufelsmühle bei Schwarz-Collm. Dort hauste ein Schwarzkünstler und Hexenmeister, und Krabat gefiel ihm. Er hatte immer zwölf Mühlknappen, aber in Wirklichkeit waren es Zauberlehrlinge, denn ihr Herr war eben ein Hexenmeister, der sich dem Teufel verschrieben hatte. Bald schon war Krabat in alle Geheimnisse eingeweiht, und er musste den Pakt mit dem Teufel schließen. Aber er wusste, was aus ihm werden würde, er wollte kein Teufelsgeselle sein Leben lang sein. Also bat er seine Mutter, sie solle ihn doch aus der Mühle holen. Und er gab ihr auch das Zeichen, damit sie ihn finden konnte. Wir werden alle, so sagte er, als Raben auf dem Dach sitzen. Und elfe von den zwölf schwarzen Raben haben dabei den Hals nach links gewandt, ich allein werde mich unter dem rechten Flügel zupfen. Wenn ihr dann sagt, dieser ist mein Sohn, dann muss mich der Müller herausgeben. Und so geschah es auch. Die Mutter holte ihren Jungen aus der Mühle, und beide gingen davon. Freilich, Krabat nahm das Zauberbuch mit, damit würde er manches Stücklein vollbringen, und schon bald war er berühmt im Wendischen, man nannte ihn den wendischen Faust.

Habt ihr schon von Pumphut gehört, der einst durch das Vogtland gezogen ist? Er war ein Müllergeselle, den sein Wanderleben durch ganz Sachsen führte. Überall und nirgends war er zu sehen. Bald segelte er zum Erstaunen der Menschen auf einem papiernen Schiff auf der Elbe, bald ritt er auf einer Heuschrecke durch die Dörfer, und gelegentlich blies er so gewaltig aus dem Nasenloch, dass er die Flügel der Windmühlen drehen konnte. Eines Tage kam er im Vogtland auch in die Burkhardtsmühle. Er war es gewohnt, dass man ihn freundlich aufnahm, ein Glas Wein vorsetzte und den Tisch deckte. Und so freute er sich schon auf einen guten Schmaus, denn in der Burkhardtsmühle waren die Müller der Umgebung zu einem Radhub-Fest versammelt. Aber statt dass man ihn an die Tafel bat, bekam er nur am Ecktisch einen ordinären Schnaps und ein Stück trockenes Brot. Nun, sagte Pumphut, das will ich euch vergelten. Als die Müller sich anschickten, den Radhub für das neue Rad vorzunehmen, zeigte sich plötzlich, dass die Welle eine halbe Elle zu kurz geraten war. Die Müller jammerten und klagten, aber da kam einer auf die Idee, dass dieser Müllergeselle, den sie mit Brot und Schnaps so schnöde abgefertigt hatten, vielleicht der Meister Pumphut gewesen sei. Und da liefen sie ihm nach und baten ihn in die Mühle zurück an den reich gedeckten Tisch. Pumphut lächelte ein wenig, als man ihn fragte, ob er nicht Hilfe wüsste bei dem Schaden. Nun, sagte Pumphut, wenn einer gut bewirtet wurde, dann gibt man eine Freundlichkeit zurück. Er trat hinaus, klopfte an die Welle und siehe da, nun passte sie, und schon bald drehte sich das neue Rad. Pumphut winkte den Müllern noch aus der Ferne zu, und keiner wollte zukünftig einen Gast von der Tafel weisen.

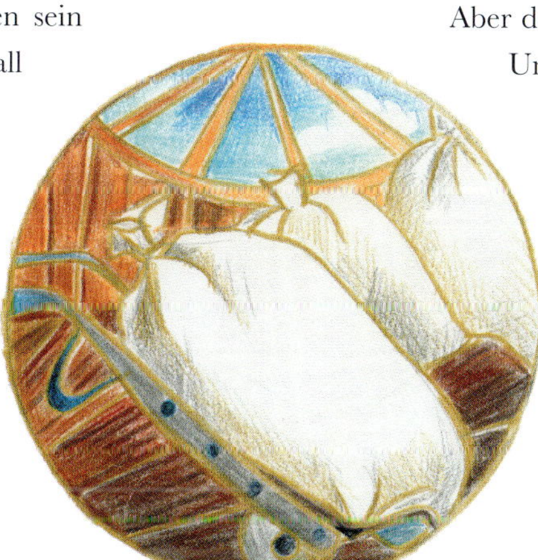

Von Pumphut übrigens sind noch etliche Stücklein bekannt, die er in der Beiermühle bei Siebenlehn und in der Hummelmühle bei Lockwitz vollbracht haben soll.

Ach ja, aus den Mühlensagen wollen wir noch die Geschichte vom Mühlgötz zu Plauen erzählen. In der Oberen Mühle bei Plauen, die es freilich heute nicht mehr gibt, stand lange Jahre ein Bild, das man den Mühlgötz nannte. Vielleicht kam es noch aus der heidnischen Zeit, und der Müller hielt es für den Schutzpatron seines Gewerkes. Als eines Tages ein lustiger Müllergeselle in die Mühle kam, sah er das alte Bild und machte seine Späße darüber. Doch der Müller warnte ihn und sagte: Lass er die Finger vom Mühlgötz, denn der hat seinen eigenen Willen, wenn man seinen Platz einnimmt. Aber der Müllergeselle dachte: Dir werde ich es zeigen. Um Mitternacht nahm er das Bild von der Wand, warf es in den Mühlgraben und sagte: Ich will dich taufen, Mühlgötz. Aber nur kurze Zeit später hub ein gewaltiges Getöse an. Die Kornsäcke sprangen über den Boden, die Räder drehten sich wie wild und auf den Gesellen flog ein Fass zu, dem er nur mit Mühe ausweichen konnte. Da wusste er, was geschehen war und rannte zum Mühlgraben, nahm das Bild heraus und hängte es an seinen alten Platz. Und plötzlich wurde es wieder still in der Mühle, aber der Müller warf den vorwitzigen Gesellen hinaus. Seither ist keiner mehr gekommen, der den Mühlengötz taufen wollte. Noch manche andere Geschichte wird aus den Wassermühlen und Windmühlen erzählt, von der geizigen Müllerin zu Brand und vom Leipziger Pestmüller. Es sind Sagen und Legenden, die unsere Vorfahren berichteten. Ob sie je Wirklichkeit waren? Wer ihnen allzu sehr nachforscht, dem kann es geschehen, dass er Krabat oder Pumphut begegnet. Und die lassen nicht mit sich spaßen.

Gesammelt von Klaus Walther

MÜHLEN

Die Wiesenmühle in Thalheim. Foto: Andreas Judefeind

SÜDWESTSACHSEN

Der Frohnauer Hammer

Das gerettete Denkmal

Technisches Museum Frohnauer Hammer. Fotos: Brigitte Streek

Wenn es für Sachsen und speziell das Erzgebirge dumm gelaufen wäre, dann müssten wir den berühmten Frohnauer Hammer heute als Teil des Deutschen Museums in München besichtigen. Die Einrichtung in Bayern wollte ihn nach seiner vollständigen Stilllegung 1904 kaufen, weil es im Erzgebirge keinen Bedarf mehr an derartigen Hammerwerken gab. Der letzte Hammermeister musste schon neun Jahre zuvor den regelmäßigen Betrieb des Hammers einstellen, nachdem er das altertümliche Werk zunächst noch über die Zeiten der Industrialisierung gerettet hatte. Die Arbeit war dennoch zu unproduktiv geworden.

Engagierte Annaberger hatten schon zu dieser Zeit den unwiederbringlichen Wert des Hammers erkannt. Sie verhinderten den Verkauf und gründeten 1907 den Verein „Hammerbund". Der wiederum mobilisierte Kräfte und Mittel, das Gebäude vor dem Verfall zu retten und instand zu setzen. Der Hammer wurde 1907 zum ersten technischen Denkmal im damaligen Königreich Sachsen erklärt. Er erlangte seine herausragende Bedeutung gewissermaßen erst nach seiner Stilllegung.

Was die Wenigsten heute wissen: Bereits seit 1910 war die Besichtigung des Frohnauer Hammers möglich. Erst seit 1951, dem Jahr der Wiedereröffnung nach dem Krieg, und nach neuerlichen Großinvestitionen in die Einrichtung als technisches Museum werden die Besucher gezählt: 7,6 Millionen waren es bis Ende 2005.

Dass sich der Hammer nun in einem Buch über Mühlen wiederfindet, liegt im Jahr 1436 begründet. Damals errichtete ein Müller in dem kleinen erzgebirgischen Dorf eine Getreidemühle, um das Korn zu mahlen, das die Bauern in mühevoller Arbeit von den Feldern holten. 1495 soll in des Müllers Garten eine Kommission über die planmäßige Anlage einer Stadt beraten haben, für die ein Jahr später der Grundstein gelegt wurde und die ab 1501 den Namen Annaberg trug. Vorausgegangen waren 1491 die Entdeckung eines Silbergangs und weitere Funde am Schreckenberg. Schon wenige Jahre nach diesen ersten Silberfunden lieferten die Bergwerke eine überaus reiche Ausbeute: Das Silberfieber lockte tausende Menschen an, die sich in der neuen Stadt niederließen. Zu Beginn des 16. Jahrhunderts war Annaberg mit 12.000 Einwohnern bereits größer als Dresden und Leipzig zusammen. Zwei Drittel der Silberproduktion Deutschlands lieferte in jener Zeit das Erzgebirge. Das Silber aus den über 300 Gruben rund um den Schreckenberg wurde an Ort und Stelle aufbereitet: In der Frohnauer Getreidemühle schlug man es in Münzen, die nach dem Fundort einfach „Schreckenberger" hießen. Sieben Stück ergaben einen Taler. Der Ruf der Münze gipfelte in einem Sprichwort: „Hast'n Sack voll Schreckenberger, bist'n reicher Annaberger."

Der eigentliche Frohnauer Hammer, wie er noch heute existiert, wuchtete erst ab 1621

Beim Schmieden von Füllstaben für das große Tor am Eingang des Frohnauer Hammers waren acht Schmiedemeister im alten Hammerwerk beschäftigt. Mit dabei waren auch Ansgar Deiters aus Nossen und Ulrich Habermann aus Annaberg (v. l.)

nieder. Ende des 17. Jahrhunderts wurde nach einem Brand nicht nur der Hammer wieder aufgebaut. Daneben entstand damals auch das Herrenhaus, das mit seinem Fachwerk, den mit Schnitzereien verzierten Balken und Fensterrahmen sowie bunten Butzenscheiben noch heute eine Augenweide ist und als Gaststätte zur Einkehr einlädt.

Jeden Tag kann man den Frohnauer Hammer und die angeschlossenen Gebäude im Rahmen von Führungen besichtigen. Dabei werden die Schotten gezogen, um das Wasser des Sehma-Flüsschens über zwei Mühlräder zu leiten, was wiederum den kleinsten Hammer und die Blasebälge in Gang setzt. Insgesamt drei Hämmer – 100, 200 und 300 Kilogramm schwer – könnten mit einem Fallgewicht von 4000, 8000 und 12.000 Kilopond auf die Ambosse donnern, wobei der kleinste Hammer bis zu 120 Schläge in der Minute schafft. Zehn Tonnen wiegt die steineichene Welle, deren Nocken auf die drei Hammerschwänze greifen und die Hämmer in schneller Folge schlagen lassen.

Es fällt in dieser Umgebung nicht schwer, sich die Arbeit der Schmiede vorzustellen. Bis zu 16 Stunden hatte der Arbeitstag für die Hammergesellen. Sie lieferten Schlegel, Keile und Bohrer für die Bergwerke, Sensen, Sägen, Beile und Äxte für die Land- und Forstarbeiten. Einzigartige Ziergitter, Lafettenbeschläge und Schatztruhen mit zehnfacher Schlossverriegelung ließ sich August der Starke vom Erzgebirge nach Dresden bringen.

Mit der Entwicklung der Industrie konnte der Hammer aber schon im 19. Jahrhundert nicht mehr Schritt halten. Die bereits zu dieser Zeit veraltete Technologie, die unrentable Ausnutzung der Wasserkraft über Wasserräder, das Versiegen des Erzbergbaus, die ungünstige Verkehrslage und die große Konkurrenz der Hüttenwerke führten schließlich dazu, dass sich der Hammer immer mehr vom herrschaftlichen Besitz zur Dorfschmiede wandelte und schließlich einging.

So legendär wie der Hammer ist aber auch ein Mann aus Frohnau: der Hammer-Hans'l. Das Leben des Rentners, der bürgerlich Johannes Schönherr heißt, ist auf einmalige Weise mit dem Denkmal verbunden, obwohl er längst den Ruhestand genießt. Denn er führte über Jahrzehnte Besucher durch den

Schauschmieden im Frohnauer Hammer. Jörg Brauer und Klaus Klapper zeigen den Besuchern die schwere Arbeit des Schmiedens.

Werner Ludwig aus Neukirchen/Pleiße schmiedet am Tag des traditionellen Handwerks in Frohnau. Fotos: Brigitte Streek

Hammer. Mit wahren und mitunter auch halbwahren Geschichten eroberte er sich die Herzen der Gäste, die bis heute nach ihm fragen. Und weil das so ist, schaut der Hammer-Hans'l immer noch ab und an im Hammer nach dem Rechten. Auf seine Ratschläge in Mundart müssen Besucher allerdings schon seit einigen Jahren verzichten. Überliefert ist zumindest: „Es is ze rotn, de Händ net unnern Hammer zu leng. Dor Hammer kennts net aushalt'n."

Gabi Thieme

Service

Frohnauer Hammer
Sehmatalstraße 3
09456 Annaberg-Buchholz
OT Frohnau

Kontakt: Jörg Bräuer
Tel.: 0 37 33/2 20 00
Fax: 0 37 33/67 12 77
E-Mail: Joerg.Bauer@annaberg-buchholz.de

Der Frohnauer Hammer kann täglich von 9–12 sowie 13–16 Uhr im Rahmen einer Führung besichtigt werden. Erwachsene zahlen 3, Kinder 2 EUR Eintritt. Die Familienkarte kostet 9 EUR.

Wer sich in der näheren Umgebung gern auf weitere Spuren der Vergangenheit begeben will, dem seien in Annaberg-Buchholz die prächtige St.-Annen-Kirche, die kleine Bergkirche St. Marien, das Erzgebirgsmuseum sowie das genau darunter liegende Besucherbergwerk „Im Gößner" empfohlen.

Die Mühle Langenchursdorf

Das Klappern des Rüttelschuhs

Es soll in der Langenchursdorfer Mühle Zeiten gegeben haben, in denen der Müller ein geheimnisumwitterter und nicht ganz leutseliger Mann gewesen ist, so wie man es sich in alten Geschichten erzählt. Heute ist das Anwesen eine Mühle ohne Müller. Die Mühle wird von einer Lehrersfamilie bewohnt, und wer bei Tag vorbeischaut, hat Chancen, dass sie gerade voller aufgeregter Kinder ist.

Maria und Karsten Doege – sie aus dem Eichsfeld, er aus Döbeln stammend – hatten Mitte der Neunzigerjahre nach einem Ort auf dem Lande gesucht, in dem sich Schulprojekte machen ließen. Durch einen privaten Zufall wurden sie mit der Mühle Langenchursdorf bekannt, in der damals noch die letzte Müllerin, Charlotte Habermann, zu Hause war. Doeges waren keine Baulöwen, aber guten Mutes, und das alte Gut machte einen gepflegten Eindruck auf sie. Es ließ sich etwas daraus machen. Sie gingen das Wagnis ein.

Doeges Anfänge hat Charlotte Habermann, die 2002 im Alter von 76 Jahren starb, noch miterlebt. Sie war die Enkelin des Mühlenbesitzers Erwin Habermann.
Dieser, dessen Initialen noch auf zwei großen Mühlsteinen am Wehr zu sehen sind, kam zu Beginn des 20. Jahrhunderts mit seinem Bruder aus Neustadt an der Dosse in das Schönburgische Land, um hier Müller zu werden – in der Mühle Langenchursdorf der eine, in der Fürstlichen Mühle zu Waldenburg der andere.

Erwin Habermann fand die Mühle nach allem, was Karsten Doege weiß, in einem kritischen Zustand vor. Er steckte viel Geld in das schon damals jahrhundertealte Anwesen. 1564 war die Mühle als Langenchursdorfer Hammergut zum ersten Mal urkundlich erwähnt worden – eine Verkaufsurkunde vom Vater auf den Sohn, die Mühle war also schon älter. Um 1664 erbaute Georg Martin an dieser Stelle das Neue Hammergut. Aus den Nickelgruben in Callenberg-Nord kam Erz, das vermutlich im Bereich des Gutes auch verhüttet wurde. Einer von Martins Nachfolgern, Hammerschmied Weinhold, lieferte 1795 das Eisen für die erste sächsische Maschinenspinnerei nach Wolkenburg. An die „Eisen-Zeit" der Mühle erinnern heute noch die Schlacken, die sich im Hof des Gutes finden lassen.

Der Umbau zur Getreidemühle erfolgte mit Beginn des 19. Jahrhunderts, womöglich Schritt für Schritt. Es gab viele Mühlen damals, die Konkurrenz war groß, und das Neue Hammergut war lange nicht die größte. Die Mühle konnte wirtschaftlich bestehen, aber gegen Ende des Jahrhunderts muss der Erneuerungsbedarf enorm gewesen sein. Erwin Habermann nahm eine große Last auf sich, wenn man seinen alten Briefen glauben darf.

Bis in die 1950er-Jahre wurde die Mühle mehrmals modernisiert und in den Zustand versetzt, der dem heutigen nahe kommt. 1932 ließ Erwin Habermann das alte Holzwasserrad durch eine Francis-Turbine ersetzen. Vermutlich gab es auch ein Dieselaggregat. Karsten Doege sagt, er könne noch immer riechen, wo es gestanden haben muss.

Mitte der 30er-Jahre ging die Mühle auf Paul Habermann über, dem in DDR-Zeiten seine Tochter Charlotte folgte. Bis 1994 schrotete sie hier Getreide. Ihre Handschrift findet sich zum Beispiel inmitten des Mühlengetriebes auf einer Platte, die Instruktionen für den Schliff des Mühlsteins enthält. Das Räderwerk der Mühle mit

Funktionsfähige Technik in der Mühle Langenchursdorf. Fotos: Andreas Seidel

seinen Stirnrädern und tausend Riemen funktioniert bis heute.

Als die Familie Doege kam, der Ausbau zum technischen Denkmal mit pädagogischem Anspruch begann, aber auch die Familie sich inmitten des denkmalgeschützten Ensembles ein Heim schaffen musste, da machten die Doeges manches doppelt, zahlten Lehrgeld, gingen Schritt für Schritt. Dabei wuchsen sie mit ihrer Mühle zusammen. Jedes Jahr, jedes Projekt barg neue Überraschungen. Mal waren es Fundstücke aus der Vergangenheit: ein Gasmaskenfilter im alten Abwasserkanal oder die überwachsenen Mühlsteine am Wehr von Erwin Habermann, die von der Jahrhundertflut 2002 wieder freigespült wurden. Mal sind es technische Herausforderungen, wie der Wiedereinbau eines Wasserrades. Dieses Rad, beinahe vier Meter im Durchmesser, wird nicht nur die Mühlenromantik beleben. Karsten Doege möchte auch Energie damit erzeugen. Seine Neugier kennt kein Ende. Zwischen den Rütteln und Quetschen, Bändern und pneumatischen Anlagen zum Transport des Mahlguts findet er immer wieder Dinge, deren Funktionsweise er sich erst erarbeiten muss.

Unterm Dach zeigt Karsten Doege schließlich, wie beim Durchlauf des Getreides inmitten der übermannshohen Mahl-Maschinerie der Rüttelschuh gegen den Dreiknack schlägt: klack – klack – klack. „Das ist das Einzige, was in einer Mühle klappert, wenn es heißt, es klappert die Mühle am rauschenden Bach!“ Und nicht nur der Besucher, auch der Mühlenbesitzer staunt.

Ronny Schilder

Service

Mühle Langenchursdorf
Waldenburger Straße 46
09337 Callenberg

Kontakt: Maria und Karsten Doege
Tel.: 03 76 08/1 55 62
E-Mail: Doege-LC@t-online.de

Angebote für Gruppen, Vereine und Familien, Führungen, Feiern, Wanderungen durch das Chursbachtal.

Im Mühlenladen Geschenkideen, nostalgische Spielwaren, Kunsthandwerk und Mühlenprodukte

geöffnet: montags–freitags 10–12 und 15–18 Uhr, samstags 9–12 Uhr, donnerstags Backtag ab 15 Uhr.

Die Neubert-Mühle in Mittelschmiedeberg

Idylle am Bach und ein magisches Tabu

Ottomar Neubert ist in einer Idylle aufgewachsen: das Haus mit großem Grundstück am Haselbach, ungestört vom Verkehrslärm, direkt am Wald. Ein Paradies für Stromer. Nur eines war zur Enttäuschung des kleinen Jungen tabu, das Spannendste: die alte Sägemühle. Vom Großvater betrieben, stand sie gleich neben dem Wohnhaus in Mittelschmiedeberg und zog den kleinen Ottomar magisch an. Doch er durfte keinen Fuß hineinsetzen, wenn Opa Georg in der Nähe war. „Aber sonntags, wenn der Großvater mal weg war, haben wir Bengels uns natürlich hineingeschlichen", sagt Ottomar Neubert und lacht.

Drinnen gab es geheimnisvolle Dinge zu entdecken. Allein der Duft nach frisch geschnittenem Holz! Dazu die vielen Sägeblätter, bei denen manchmal Ecken herausgebrochen waren, und Dinge, die während des Sägens im Holz der Baumstämme gefunden wurden: Nägel, ein Geschoss aus dem Krieg, Weide-Isolatoren aus Porzellan.

Und überall klebte das feine, helle Mehl. Das tut es heute noch. Ganz unten, im Inneren der Mühle, hängt es an Wänden und Gerätschaften. Einem Teppich gleich liegt es auf dem Boden. Ottomar Neubert liebt seine Mühle. Wann sie gebaut wurde, steht nicht fest, nur dass es vor 1846 war. August Lebrecht Groß ist der erste verbriefte Müller. Aus dieser Zeit stammt ein Sägegatter, das noch immer zu bewundern ist. Ganz aus Holz ist das Gatter gebaut, das Sägeblatt ist das einzige Stück Metall. Es atmet den Duft der Vergangenheit ebenso wie das Gebäude, in dem es steht. Auch dieses ist aus Holz errichtet. Die Balken sind noch von Hand behauen und haben die Jahrzehnte schadlos überdauert. Nur hier und da mussten Teile der Außenwand erneuert werden.

Seit 1866 ist das Sägewerk in Familienhand, wurde von Vater zu Sohn weitergegeben. Um 1960 standen die Gatter auf staatliche Anweisung hin still. Doch als in den 70er-Jahren die Eigenheimbauer Bretter und Balken benötigten, wurde die alte Mühle wieder gebraucht. Noch heute ist sie weithin zu hören, wenn sich bei Vorführungen die eisernen Zähne durch das Holz fressen. Am Mühlentag kommen hunderte Neugierige in den kleinen erzgebirgischen Ort, auch am Tag des offenen Denkmals ist stets Betrieb. Und wenn sich ein Kindergarten anmeldet, bringt Ottomar Neubert Kinderaugen zum Leuchten. Nachdem früher ein Wasserrad die Säge in Gang setzte, ist seit 1912 eine

Ottomar und Günter Neubert an der Mühle in Mittelschmiedeberg. Fotos: Brigitte Streek

Service

Sägemühle Neubert
Talstraße 1
09456 Mildenau/
OT Mittelschmiedeberg

Kontakt: Ottomar Neubert
Tel.: 03 73 43 78 83 54
E-Mail: sachsen@muehlen-dgm-ev.de

Anreise: *Mittelschmiedeberg befindet sich in der Nähe von Annaberg-Buchholz im Preßnitztal. Anfahrt über den Großrückerswalder Ortsteil Boden in Richtung Steinbach.*

Wandern/Rad fahren: *Unmittelbar an der Sägemühle entlang verläuft der Annaberger Landring, eine Kombination vieler gut ausgeschilderter Einzelwanderwege. Per pedes oder mit dem Fahrrad kann die Route erkundet werden, die in einem Ring durch Steinbach, Jöhstadt, Königswalde, Geyersdorf, Thermalbad Wiesenbad Niederschmiedeberg führt.*
Gesamtlänge: 55 Kilometer; Nordring und Südring je etwa 30 Kilometer.

Francis-Turbine in Aktion. Haushoch, genauer gesagt neun Meter, stürzt das Wasser aus dem Mühlgraben über die Antriebswelle. 220 Liter pro Sekunde. Gespeist wird der Graben aus dem Haselbach, von dem der 350 Meter lange, offene Mühlgraben abzweigt. 350 Meter, die der Familie Neubert viel Arbeit bescheren. Denn diese Strecke muss stets von Ästen, Laub und Steinen freigehalten werden. Die Stunden, die er damit zubringt, zählt der 57-Jährige lieber nicht. Umso schrecklicher war für den gelernten Eisenbahner die Jahrhundertflut 2002. Der zum reißenden Strom angeschwollene Bach hatte sich einen anderen Weg gebahnt, das Bachbett lag knapp einen Meter tiefer als zuvor. Der Deich zwischen dem Gewässer und dem Teich, der sicherstellt, dass die Sägemühle auch in trockenen Sommern betrieben werden kann, war weggerissen. Das ganze Areal glich einer Geröllwüste. Zwei Tage lang saß Ottomar Neubert auf dem Bagger, um die sich meterhoch auftürmenden Steine zu beseitigen. Und dann hatte er viel Glück: Nur weil der Teich gleichzeitig als Feuerlöschteich für eventuelle Waldbrände dient, flossen Fördermittel, und nur deshalb kann der Mittelschmiedeberger seine Mühle auch heute noch betreiben. Nun liegen Häuser und Grundstück wieder friedlich in der Sonne, und nichts erinnert mehr an die Katastrophe.

Ottomar Neubert stellt die fünfte Müller-Generation. Wie es nach ihm weitergeht, weiß er noch nicht. Zu gern würde er die Mühle an die eigenen Kinder weitergeben. Doch der Sohn lebt in Nürnberg, die Tochter in München. „Da wissen Sie, wie die Chancen stehen.“

Nadine Koch

Die Weigelmühle in Rittersgrün

Vom Segen des Holzschliffs

Aus gesammelten Gebirgswässern drängt das Pöhlwasser nordwestwärts an Ehrenzipfel vorbei dem Gebirgsdorf Rittersgrün entgegen, von dem die Leute wegen seiner verstreut liegenden Häuser sagen, der Teufel habe sie im Galopp verloren. Mochte sich der Bach am Oberlauf noch spielerisch gebärden, mit dem Eintritt nach Rittersgrün war es damit vorbei, fortan musste er Schwerstarbeit verrichten, Hammer und Pochwerke betreiben.

Die Weigelmühle, einst Papiermühle, ist heute technisches Denkmal mit Wasserrad und über 100 Jahre alt.

Als der Bergbau zum Erliegen kam, boten sich die Wasserkraft und der nahe Wald dazu an, die schon vorhandenen Schneidemühlen durch neue zu ergänzen. Nicht immer hatten sie genügend Arbeit. Es musste deshalb wie ein Segen gewirkt haben, als Friedrich Gottlob Keller den Holzschliff erfand.

Rührige Unternehmer griffen die Idee auf. Wenn auch verlacht, weil man an die Tragfähigkeit der Erfindung nicht glaubte, entstand 1860 im Schwarzwassertal, unterhalb von Johanngeorgenstadt, die erste Holzschleiferei der Welt. Von ihr konnte bald der sächsische König sagen: „Wahrlich eine Mutter von vielen Kindern!" Denn das Geschäft ließ sich gut an, und mancher Schneidemüller rüstete um. So gab es in guten Zeiten im langgestreckten Rittersgrün nicht weniger als acht Holzschleifer. Unter ihnen war Ehregott Weigel, der 1880 aus der am oberen Ortsausgang gelegenen Sägemühle eine Holzschleiferei machte.

Auf dem Holzplatz hockten nun Riesenstapel zweimetriger Schleifer. Männer entrinden sie unter einem Behelfsdach mit dem Zugmesser, Knüppel um Knüppel. Ganz weiß musste das Holz sein, bevor es, auf einen halben Meter abgelänkt, in den Schlund der gefräßigen Maschine gelangte.

Die meiste Zeit führte der Bach genügend Wasser, um das Wasserrad zu betreiben, das immerhin eine Kraft von durchschnittlich 5,50 PS hatte. 1910 kam eine Wasserturbine hinzu. Es gab trockene Sommer, eisklirrende Winter, da dümpelte das Wasser vor sich hin und schränkte die Produktion ein. Bald machte eine Dampfmaschine von der Wasserführung unabhängig.

Schon 1890 erweiterte Ehregott Weigel seinen Betrieb durch einen Dampfkessel und einen Holzkocher. Bisher wurden Weißpappen hergestellt. So vielseitig sie auch waren, so hatten sie den Nachteil, dass sie zerbrachen, sobald man sie bog. Auch das Papier war weder stabil noch elastisch und ließ sich nur beschreiben, wenn es mit einer dünnen Leimschicht bestrichen wurde.

Fortan entstanden in der Weigelmühle Handlederpappen, biegsam, eben wie Leder.

Betreiber Werner Weigel (80) in seiner Mühle. Fotos: W. H. Schmidt

Das auf dem Holzplatz zubereitete Holz wurde acht Stunden und länger gedämpft, kam in den Holzschleifer, der es mit dem im Wasserbad laufenden Sandstein auspresste und abschliff. Die so entstandene Fasermasse kam in den Grobsortierer, Raffineur und zur Feinsortierung in den Zylinderkasten der Pappenmaschine. Ein drehender Zylinder übergab eine dünne Faserschicht auf ein Filztuch. Mit ihm kam die Masse unter die Stahlwalzen und wurde ausgepresst. Rohpappen waren entstanden. Erst der Druck einer Spindelpresse verdichtete und entwässerte sie. Im Trockenschuppen verloren sie ihre Feuchtigkeit. Nun konnten die Pappen unter hohem Druck im Walzwerk geglättet und sortiert werden. In diesem Zustand gelangen sie zur Weiterverarbeitung.

Die Weigelmühle blieb über die Zeiten hinweg ein bescheidener Betrieb und wurde auch zu DDR-Zeiten nicht volkseigen. Die Beschäftigten waren vor allem Familienangehörige. Die Produktion lief bis 1990, dann wurde sie eingestellt.

Sicher hat sich im Verlauf des reichlichen Jahrhunderts, seit aus der Sägemühle eine Pappmaschine wurde, das eine oder andere verändert, manches wurde erneuert, umgebaut, vergrößert. Neue Maschinen kamen hinzu, veraltete wurden entfernt.

Wer dem am Straßenrand aufgestellten Hinweisschild auf einem abschüssigen Weg hinab zur Mühle folgt, hat ein graues, schmuckloses Gebäude vor sich, dahinter einen Trockenschuppen – alles so, wie es einmal war.

Geblieben ist die Wasserkraftanlage, sind die Transmissionen mit ihren Maschinen, die Walzen und Pressen, ganz so, wie mit ihnen vor Jahr und Tag gearbeitet wurde. Und wenn man wollte, brauchte man nur den Hebel einzurücken, die Zeit um ein paar Jahrzehnte zurückdrehen, um Zeuge eines heimischen Produktionsprozesses zu werden.

Manfred Blechschmidt

Der funktionsfähige Holzschleifer.

Service

Papiermühle Weigel
Karlsbader Straße 80
08355 Rittersgrün

Kontakt: Werner Weigel
Tel.: 03 77 57/72 16
E-Mail: sachsen@muehlen-dgm-ev.de

Ächzende Wunder der Technik

Die Wetzelmühle in Niederfrohna ist heute ein beliebtes Ausflugsziel. Vor allem der Wasserradantrieb zieht viele junge und ältere Menschen an. Zu danken ist die Erhaltung des technischen Denkmales dem Selbsthilfeverein 91 e.V., dem heutigen Eigentümer der Mühle.

Der Frohnbach war und bleibt die natürliche Voraussetzung für den Antrieb einer Mühle mit Wasserkraft. Der Wasserlauf entspringt auf dem Kapellenberg bei Meinsdorf, fließt durch Oberfrohna, nimmt in Niederfrohna den Limbacher Pfarrbach auf, dominiert nahezu die gesamte Ortslage der Gemeinde und erreicht endlich, am Ortsausgang, ein weites, naturnahes, landschaftlich reizvolles Tal, bis er oberhalb von Zinnberg in die Zwickauer Mulde mündet.

Der Bach gab im 12. Jahrhundert gleich mehreren Siedlungspunkten den Namen „Frohne". In dieser Zeit war der Bach Grenze zwischen zwei Herrschaften, dem Bistum Merseburg und dem Bistum Zeitz/Naumburg. Der Bach war auch Namensgeber für Ritter Heinrich von Frohne, der am 19. Oktober 1236 in einer Urkunde, auf Burg Gnandstein ausgestellt, als Zeuge eines Landverkaufes erwähnt wurde.

Erste Nachrichten von der Wetzelmühle stammen aus dem 16. Jahrhundert. Die Obermühle, die Käfersteinmühle und die Nicklmühle in Oberfrohna, die Hofmühle und die Dörfeltmühle in Mittelfrohna, sowie die Braademühle und die Grüttnermühle in Niederfrohna arbeiteten ebenfalls mit dem Wasser des Frohnbaches. Über die Zuteilung entschied der Obermüller in Oberfrohna. Christoph Wetzel kaufte am 17. April 1764 die Mühle im damaligen Niederfrohna für 1900 Gulden. Seither trägt sie seinen Familiennamen. Seine Frau Anna Maria, geb. Müller, stammte aus Mittelfrohna. Mit der Mühle erwarb der junge Besitzer Werkzeuge, 1/4 Hufe Land (etwa fünf Hektar), Obstgarten, Wohn-, Neben- und Stallgebäude. Die Mühle umfasste Mahlwerke für Getreide und Öl, eine Schneidemühle für Holz, eine Lohmühle (zum Zerkleinern von Fichten- und Eichenrinde für die Gerberei) und Schleifwerke für Stein und Eisen.

Aus heutiger Sicht war die Mühle auch so etwas wie eine Fabrik. Der Wetzelmüller musste daher eigentlich immer mehrere Berufe gleichzeitig ausüben, musste von vielen Dingen etwas verstehen und umfassende Kenntnisse anwenden können. Selbst heute noch wirken die vielen Räder, Wellen, Zahnräder und Bänder zur Übertragung der Wasserkraft wie ein kleines Wunderwerk. Wenn sich das Wasserrad langsam ächzend in Bewegung setzt und der Riemen auf die Welle gelegt wird, dann spürt der Besucher, wie ein Vibrieren die Maschinerie durchläuft und der Rhythmus der Räder das ganze Gebäude beherrscht. Dann ahnt man die gewaltige Kraft, die aus einem kleinen Bach gewonnen werden kann. Die Mühle steht aber nicht direkt am Bach. Wasser kommt hier nur an, weil ein Mühlgraben angelegt wurde. Warum? Mit dieser aufwändigen Arbeit schuf man einen kontrollierbaren und stetigen Zufluss für das Wasserrad. Aber der Müller musste auch den Mühlgraben immer in Stand halten. Am 1. Mai 1854 schloss Johann Gottlob Wetzel einen Vertrag mit der Gemeinde Niederfrohna, mit dem er das Recht auf einen Weg für sich und seine Nachkommen am Mühlgraben sicherte, eine sogenannte „Wegegerechtigkeit".

Der „Fortschritt" ging an der Mühle nicht vorbei. Es kam eine Zeit, da man das

Wasserrad abstellte, um einen elektrischen Antrieb einzubauen. Mit dem Ende der Landwirtschaftlichen Produktionsgenossenschaft durchlief die Mühle 1990 eine schwierige Zeit. Die bisherigen Aufträge fielen weg, die Zukunft der Mühle war unsicher. 1993/94 nahm der Selbsthilfeverein 91 e.V. zunächst den Mühlbetrieb wieder auf und erwarb später die Mühle von der Familie Wetzel. Die jungen Leute machten aus der Mühle eine große Baustelle. Schon am 13. Mai 1995 zu einem Tag der offenen Tür wurden prominente Gäste begrüßt.

Stuck fur Stuck erneuerte der Verein seither den denkmalgeschützten Gebäudekomp lex. Das Wasserrad dreht sich seit einigen Jahren wieder. Ein alter Backofen steht „unter Dampf". Historische Handwerker-Werkstätten sind im Gebäudekomplex integriert. Der zur Mühle gehörende Esel und andere Haustiere haben hier ein Zuhause. Die Mühlen-Gaststätte hat ihre Tore geöffnet. Ein Lehrbienenstand ist seit einigen Wochen Heimat mehrerer Bienenvölker …

Regelmäßig zum „Mühlentag" oder zum „Tag des offenen Denkmales" öffnet die Mühle alle Türen für große und kleine Besucher. Aber auch außerhalb dieser Zeiten besuchen Schulklassen und andere Gäste den interessanten Ort. Viele Besucher nutzen eine Wanderung oder eine Radtour in das Muldental zu einem Abstecher in die Wetzelmühle.

Andreas Eichler

Fotos: Andreas Seidel

Service

Wetzelmühle
Untere Hauptsraße 79
09243 Niederfrohna

Tel.: 0 37 22/94 97 34;
Fax: 0 37 22/40 65 16
E-Mail: wetzelmühle@selbsthilfe91.de

- *Mühlenbesichtigungen und Schauvorführungen*
- *Bäckerei und Hofladen (Backwaren aus eigener Produktion, im altdeutschen Steinbackofen gebacken. Weitere Erzeugnisse: Saft, Wein, Honig)*
- *Annahme von Obst für die Mostherstellung im Oktober und November*
- *Kreatives Arbeiten in der Kerzenwerkstatt und der Tischlerei*
- *Gasträume und Übernachtungsmöglichkeiten*

Die Obermühle St. Peter in Niederlungwitz

Ein Ort der Mühe

Mühle St. Peter Niederlungwitz. Fotos: Wiegand Sturm

Wahrscheinlich muss Christian Metzeroth nicht einmal die Augen schließen, um die Zeit zurückzudrehen. Er hört das Wasserrad und die hölzernen Wellen knarren, sieht die schwitzenden Knechte schwere Mehlsäcke hinaus auf den Hof schleppen, wo die Bauern mit ihren Karren warten. Er atmet den Duft frischen Brotes ein, der aus der benachbarten Mühlenbäckerei herüberzieht. Und er sieht auch den Müller, der seine wachen Augen überall gleichzeitig hat. Christian Metzeroth kann sich sehr genau vorstellen, wie das Leben gelebt wurde, auf dem Mühlenhof St. Peter in Niederlungwitz.

Erstmals urkundlich erwähnt wurde die Obermühle 1489, aber sie muss bereits lange vor dieser Zeit existiert haben. Nach mehreren Eigentümerwechseln erwarb 1863 der gelernte Müller Christian Gottlieb Medicke die Mühle. Der Hof, zu dem noch eine Landwirtschaft, eine Bäckerei und ein Sägewerk gehörten, blieb fortan im Besitz der Familie. Als der Enkel von Christian Gottlieb Medicke 1936 starb, wurden Mühle mit Sägewerk,

Bäckerei und Landwirtschaft jeweils einem seiner drei Söhne zugeteilt. Damit ging der geschlossene Charakter des Anwesens verloren. 1986, nach dem Tod des Mühlenbesitzers wurde die Mühle, die inzwischen auf Elektroantrieb umgestellt worden war, von der LPG übernommen. Der Betrieb des Sägewerkes war bereits 1983 eingestellt worden. Die Mühlenbäckerei war seit 1960 ein Konsum-Laden. Nur die Landwirtschaft wurde vom jüngsten der drei Medicke-Erben Albert weitergeführt. Mit ihm behielt die Familie gewissermaßen den Fuß in der Tür der Obermühle. Es kam die Wende und mit ihr ein Investor aus Köln, der aus der Obermühle ein Wasserkraftwerk machen wollte. Er scheiterte jedoch mit seinen verwegenen Plänen, und die Mühle musste im Jahr 2000 versteigert werden. Gudrun Metzeroth, die nach dem Tod ihres Großvaters Albert Medicke 1992 bereits das Speichergebäude erworben hatte, kaufte auch die Mühle. Damit war die Obermühle St. Peter endlich wieder im Familienbesitz. Und Christian Metzeroth hatte dank seiner Frau eine Lebensaufgabe gefunden.

Es ist sein Traum, die Mühle wieder weitgehend originalgetreu herzurichten. Ein Großteil des Speichergebäudes hat bereits wieder seinen alten Glanz. Das riesige Mühlengebäude mit seinen vier Etagen ist zumindest vor dem weiteren Verfall gesichert. Drinnen, zwischen all den Transmissionsriemen, hölzernen Stößeln und Wellen bekommt man einen Eindruck davon, wie Christian Metzeroth 1975, als er gerade seine Frau kennengelernt hatte und zum ersten Mal die Obermühle betrat, von der Faszination gepackt wurde, die ihn seither nicht mehr losgelassen hat. Metzeroths Traum ist zugleich auch ein Wettlauf gegen die Zeit, deren Zahn an der historischen Substanz nagt. Die Bauarbeiten sind aber auch eine Suche nach dem einfachen Leben, sagt Christian Metzeroth, der einen uner-

Christian Metzeroth im Sägewerk an der Gattersäge.

Mühle St. Peter Niederlungwitz – von außen und innen (nächste Seite).

schütterlichen Glauben an Gott in sich trägt. „Die Mühle war immer ein Ort der Mühe", sagt er. So ist es bis heute geblieben. Aber Mühe wird belohnt. Christian Metzeroth erzählt, wie er kürzlich die 140 Jahre alten Fenster im Fachwerk des Mühlenhauses restauriert hat und ihn beim Anblick der neuen alten Fenster ein tiefes Glücksgefühl durchströmte.

Matthias Behrend

Service

Obermühle St. Peter
Mühlenstraße 19
08371 Niederlungwitz

Kontakt: Christian Metzeroth
Tel.: 0 37 63/40 91 14
E-Mail: info@metzeroth.de

Mit öffentlichen Verkehrsmitteln ist die Mühle leider schwer zu erreichen. Die Bahngleise der Sachsenmagistrale führen zwar unmittelbar an Niederlungwitz vorbei, aber der nächstgelegene Bahnhof ist der in Glauchau. Die Regionalbuslinie 108 fährt vom Bahnhof aus in Richtung Niederlungwitz. Der Regionalmarketing und Tourismusverein Chemnitzer Land in Waldenburg bietet eine Mühlentour an, die in Hohenstein-Ernstthal beginnt und auch an der Obermühle St. Peter in Niederlungwitz vorbei führt. Informationen gibt es unter
Telefon 03 76 08/2 72 43.

Geschäftszeit:
Glück zu!

Die Mühle des Prinzenräubers

Heute sind es die arbeitenden technischen Denkmale Mühle und Sägewerk Wolkenburg – einst war es „...die mole vnder dem slosse czu wolckenberg" – die Mühle des „Prinzenräubers".

Der schönste Blick auf das alte Hammersche Mühlengebäude – ein viergeschossiger Koloss aus der Zeit des deutschen Kaiserreichs – und das Sägewerk im Tal der Zwickauer Mulde bietet sich dem Betrachter flussaufwärts von der romantischen Hängebrücke oder auch vom dortigen rechten Muldenufer.

Die Gebäude spiegeln sich im Muldenwasser, das heute ebenso wie zu Zeiten der Ritter von Kauffungen die für den Betrieb der Mühlensteine erforderliche Energie liefert.

Bis 1453/54 gehörte die Wolkenburger Mühle als herrschaftliche Mühle zum Grundbesitz der Herren Konrad (Kunz) und Heinrich von Kauffungen, deren Vorfahren in der zweiten Hälfte des 12. Jahrhunderts – zu Zeiten Kaiser Barbarossas – im Gefolge der Reichsministerialen ihren Beitrag zur Besiedlung des „Miriquidi" geleistet hatten. Unter ihrer Leitung und ihrem Schutz hatten Bauernsiedler Waldland gerodet, wurden Rittersitz und Dorf Kauffungen (heute Kaufungen) angelegt. Vermutlich wurde damals auch eine Wassermühle an der Mulde erbaut, dort, wo sich heute die beiden „arbeitenden technischen Denkmale" Mühle und Sägewerk Wolkenburg befinden. Bewirtschaftet wurde die Mühle von Pächtern, die dafür Zinsen und Naturalien an die Herrschaft zu entrichten hatten.

Mühle und Sägewerk an der Mulde in Wolkenburg.
Fotos: Andreas Seidel

Als der wohl berühmteste Grundherr darf Konrad von Kauffungen gelten, besser bekannt als Kunz von Kauffungen – und zur Legende geworden durch den „Altenburger Prinzenraub" anno 1455.

Im Bruderkrieg 1446 bis 1450 hatte er dem Kurfürsten gegen dessen Bruder beigestanden, nachdem die Fürsten miteinander Frieden geschlossen, geriet er gewissermaßen zwischen die Mühlsteine ihrer Interessen. Über Jahre wurden ihm Sold und Entschädigung vorenthalten. 1453 war er gezwungen, sich von Ritter Hans von Maltitz Geld zu leihen und stellte einen Wechsel aus auf Hof, Vorwerk und das Dorf Kaufungen mit der Mühle unter dem Schloss Wolkenburg. Die so genannten Irrungen zwischen Kunz und dem Kurfürsten sorgten über fast drei Jahre reichsweit für Aufsehen und gipfelten im Sommer 1455 in der Entführung der Prinzen Ernst und Albrecht durch den Kauffunger und sechs Tage darauf in dessen Hinrichtung. Rittersitz, Dorf und Mühle verblieben bei Hans von Maltitz.

Im Lehnsbrief für „Hanßen von Maltitz" vom 6. November 1472 wird außer „sitz, hoff, forwerk" und dem „dorff Koffungenn" auch „die mole vnder dem slosse czu Wolckenberg gelegen vnd den werder mit den wasser vnd molgraben daselbst" aufgeführt.

Ein Jahrhundert später fand die Mühle weit weniger spektakuläre Erwähnung: 1565 „Der Mietmoller tzu wolckenburgh schatzet sein vermügen uff 6 n. schck. Tut 2 gr. steuer." (Landsteuerliste von 1565 im Hauptstaatsarchiv Dresden).

Die Mühle war verpachtet und gehörte zum Grundbesitz des Schlosses Wolkenburg. Aus den Wolkenburger Kirchenbüchern sind auch die Namen der Pächter bekannt: 1560 Matthias Heinig; 1575–1579 Urban Seidel; 1582 Christoph Naumann; 1586 Hans Hubeler; 1616 Georg Pfefferkorn; 1620 Christoph Lohse; 1626 Hans Richter; 1629 Martin Bretschneider; 1632–1640 Hans Richter; 1641–1648 Martin Römer; 1653–1674 Jacob Richter; 1675–1678 Samuel Stein; 1678–1693 Hans Berger; 1694–1701 Christian Berthold; 1701–1710 Daniel Rößiger; 1711–1722 Johann Gottlieb Illgen.

Zu Illgens Zeiten wurde die Mühle als Mahl-, Öl- und Schneidemühle betrieben. Illgen hatte an Pachtgeld 150 rheinische Taler zu zahlen, je zur Hälfte zu Michaelis und zu Walpurgis. Er musste für die Herrschaft „einen Jagthund in der Fütterung an der Kette zu erhalten", hatte Schock-, Land- und Pfennigsteuer und Kirchenzins zu entrichten und wurde dazu verpflichtet, über die „vorhandene Ahlhortte fleißige obsicht (zu) tragen" und die gefangenen Fische in den Wassertrögen im Fischhaus zu verwahren. Für jeden Aal erhielt er einen Groschen.

Um die Ernährung seiner Familie sicher zu stellen, durfte er zwei Kühe halten, die zusammen mit dem Herrschaftsvieh auf die Weide getrieben wurden.

Bis zum Verkauf des Mühlengutes 1862 sind für das Anwesen weitere 15 Pächter belegt.

Service

Getreidemühle Wolkenburg — arbeitendes technisches Denkmal
Mühlenstraße 9
09212 Limbach-Oberfrohna
OT Wolkenburg

Inhaber: Wolfgang Schröter
Tel.: 03 76 09/50 97 88

Öffnungszeiten:
Montag, Mittwoch und Donnerstag 8–16 Uhr
Dienstag 8–18 Uhr, Freitag 8–12 Uhr
Mittagspause 12–13 Uhr

- *Herstellung und Verkauf von Futtermitteln*
- *Lagerung und Handel von Futtergetreide*

Aktivitäten:
Teilnahme am Mühlentag; Mühlenführungen ab 2006 geplant

Technische Ausstattung:
Die Getreidemühle arbeitet mit Wasserkraft und teilweise bis zu 150 Jahre alter Technik

Erdgeschoss: Haupttransmission mit ca. 20 m langen Transmissionsriemen bis ins 2. Obergeschoss; Kegelradantriebe; Elevatoren; Absackvorrichtungen; offener Fahrstuhl.
1. Obergeschoss: zwei Schrotgänge (Mühlensteine) mit Rüttelschuh, Kranvorrichtung; drei Doppelwalzenmahlstühle (1924 und 1936); Vertikalmischmaschinen; Vorratsbehälter.
2. Obergeschoss: Transmissionsverteilung bis ins Getreidesilo im
3. Obergeschoss; Getreidequetsche mit Absackvorrichtung; Vorratsbehälter; Absaugvorrichtung.
3. Obergeschoss: Rohrboden und Lager, Fahrstuhlantrieb, Hauptverteilschnecke; Transportvorrichtung in Form von Schnecken und Elevatoren; Plansichter von Hipkow.

Als 1815 der Wolkenburger Schlossherr einen „Wert- und Nutzungs-Anschlag der herrschaftlichen Mühle" ausarbeiten ließ, wurde gerühmt, dass sich die herrschaftliche Mühle zu Wolkenburg (nebst Öl- und Schneidemühle, Stallungen, Schuppen, Backhaus und Öl-Niederlage) „in einer der besten Gegenden und Lagen des Königreichs Sachsen" befinde, sich zahlreicher Mahlkunden erfreue und weder bei großer Trockenheit noch anhaltender Kälte unter Wassermangel leide.

Lein- und Rübsenöl fänden guten Absatz, die Schneidemühle sei „fast in ununterbrochenem Gang" und das anfallende „Staub- und Steinmehl" ermögliche eine „nicht unbedeutende Schweinemast".

Ein zahlungskräftiger Käufer fand sich dennoch erst 1862 mit dem aus Reinholdshain stammenden Gutsbesitzer Johann Friedrich Hammer. Er kaufte am 31. Juli von den Herren Karl Friedrich und Franz Detlef Johann Grafen von Einsiedel das Anwesen samt Wohn-, Wirtschafts-, Bäckerei-, Mühlen- und Schneidmühlengebäude für 23.500 Taler.

Noch unter Johann Friedrich Hammer erfolgte 1889 der Bau einer modernen Getreidemühle; das Sägewerk jenseits des Mühlgrabens wurde vermutlich im Folgejahr errichtet. Zuvor hatte im August 1889 ein Brand das augenscheinlich wohlversicherte „Mühlengebäude der Hammerschen Mühle bis auf die Umfassungsmauern" zerstört und der Müller hatte von der Brandkasse 33.117 Reichsmark Entschädigung erhalten.

Im November 1890 vererbte Johann Friedrich Hammer seinen beiden Söhnen den gesamten Besitz. Das gemauerte Getreidesilo und ein Teil der Technik, die heutige Besucher oder Kunden der Getreidemühle und des Sägewerks noch in Funktion erleben können, stammen aus der Zeit ihrer Besitzerschaft.

Geschichtliche Daten auf einen Blick:

1472	Erwähnung der Mühle im Lehnsbrief für Hans von Maltitz
1654	Ersterwähnung der Schneidemühle
1694	Außer der Mahlmühle existieren noch eine Schneidemühle, eine Ölmühle, eine Farbenmühle und eine Bäckerei.
1771/1858	schwere Hochwasserschäden
1862	Familie Hammer erwirbt das Anwesen
1888	Neubau des Wehres aus Bruchsteinen
1889	Großbrand in der Mühle; Wiederaufbau; Einstellung der „Mühlenbäckerei“
1901	Ablösung eines unterschlächtigen Wasserrades durch eine Francis-Schachtturbine
1927	Neubau des Wehres aus armierten Beton
1967/68	Die LPG „Rote Fahne“ Wolkenburg kauft Mühle (seitdem Futtermittelmühle) und Sägewerk (Nutzung bis 1990).
1995	Privatisierung; neuer Eigentümer wird Dipl.-Ing. Martin Beer; umfangreiche Investitionen in die Wasserkraft.
1999	Das Sägewerk wird durch die Pächter Andreas Schlag und Wolfgang Schröter wieder in Betrieb genommen und arbeitet jetzt als Gewerbebetrieb und technisches Denkmal.

Regina Röhner

Service

Sägewerk Wolkenburg — arbeitendes technisches Denkmal
Mühlenstraße 9
09212 Limbach-Oberfrohna, OT Wolkenburg
Inhaber: Andreas Schlag
Tel.: 03 76 09/5 85 85
Internet: www.saegewerk-wolkenburg.de

Öffnungszeiten:
Dienstag 7–18 Uhr
Mittwoch und Donnerstag 7–16 Uhr
(Eine Besichtigung ohne Führung ist während der Öffnungszeiten möglich.)

Leistungen:
- *Schneiden von Nadel- und Laubhölzern*
- *Anfertigung von Balken, Kanthölzern u. a.*

Aktivitäten:
Führungen und Schausägen; Veranstaltungen am „Tag der offenen Mühlen“ und am „Tag des offenen Denkmals“; über weitere Veranstaltungen informiert der jährliche Veranstaltungsplan.

Technische Besonderheiten:
- *funktionstüchtiges über Transmission angetriebenes Horizontalsägegitter, Baujahr 1901 für Stämme bis 1,30 m Durchmesser*
- *Vertikalsägegatter, Baujahr 1924 der Firma Lein*
- *mit Transmission angetriebener Kettenaufzug zum Ziehen der Holzwagen*
- *Antriebswelle mit 2,10 m Raddurchmesser im Keller des Sägewerks.*

Ausflugsziele und Sehenswürdigkeiten:
Das sagenumwobene Tal der Zwickauer Mulde mit seinen zahlreichen Burgen ist für Wanderer und Radwanderer gleichermaßen reizvoll und wegemäßig (Muldentalwanderweg Glauchau – Rochlitz) gut erschlossen.
- *Hängebrücke über die Zwickauer Mulde*
- *Schloss und Schlosspark Wolkenburg*
- *Segen-Gottes-Erbstolln (Richtung Niederwinkel, Bergbaulehrpfad)*
- *St.-Anna-Fundgrube (09212 Limbach-Oberfrohna, OT Wolkenburg An der Papierfabrik)*
- *Hauboldfelsen*
- *Schlagwitzer Sackwiese*
- *Waldenburg mit Schloss, Museum (historisches Naturalienkabinett) und Grünefelder Park*
- *Burg Rochsburg*
- *Bauernmuseum Bernd Aurich (09212 Limbach-Oberfrohna OT Wolkenburg Talstraße 6)*

Übernachtungsmöglichkeiten:
Gaststätte Bauernhof zum Silberbergwerk
Herrnsdorfer Straße 32
08399 Wolkenburg

Der Eisenhammer Dorfchemnitz

Findige Schmiede am großen Hammer

Die Sonne brennt erbarmungslos, als ich an diesem Spätsommertag den Dorfchemnitzer Eisenhammer besuche. Schon von weitem höre ich das Wasser des Chemnitzbachs rauschen, das über eine Holzrinne über die beiden oberschlächtigen Wasserräder hinweg fließt. Drinnen im Hammerwerk mit seinem gestampften Lehmboden empfängt mich angenehme Kühle. Hier wurde über Jahrhunderte Eisenerz ausgeschmolzen und weiterverarbeitet. Zu Dingen, die im Freiberger Bergbau- und Hüttenrevier dringend benötigt wurden: Kellen zum Bleigießen, Röstschaufeln, Glühschalen. Die Erzeugnisse des Hammers müssen von großer Güte gewesen sein, wie eine Verkaufsurkunde aus dem Jahr 1567 belegt: „das des ortes nicht allein Vortrefflich gut Eisen gemacht, sondern auch Unser Freybergisch Bergwerg damitt zur nothdurft mehrernteils wohlversehen wurde …"

Eisenhammer Dorfchemnitz: Idylle pur mit viel Liebe zum Detail bietet sich bereits in der Außenansicht. Fotos: Andreas Judefeind

Dem Hammerbesitzer verhalf die Produktion von Spezialwerkzeugen für die Freiberger Bleierzgruben zu Reichtum. Teilweise arbeiteten zehn Schmiede gleichzeitig im Licht von Karbid- und Petroleumlampen an den beiden Schwanzhämmern, die von dem größeren Wasserrad über eine Nockenwelle angetrieben wurden. Der 150 Kilogramm schwere Streck- und Ziehhammer brachte mit bis zu 100 Schlägen pro Minute das Schmiedegut in Form, bevor es am 300 Kilogramm schweren großen Hammer nochmals bearbeitet wurde. Um sich ihre Arbeit zu erleichtern, hatten die findigen Schmiede einen drehbaren Kran konstruiert, mit dem sie schwere Werkstücke direkt aus dem Feuer auf die Ambosse schwenken konnten. Der Ausgangsstoff Magneteisenstein wurde in der Anfangszeit im nahen Wolfsgrund gewonnen, heute idyllisches Wandergebiet. Wobei der Ortsname „Wolfsgrund" möglicherweise von den am Bergbauort eingesetzten Schmelzöfen stammt, die als „Wolfsöfen" bezeichnet wurden. Für das Ausschmelzen wurden riesige Mengen Holzkohle aus den Wäldern des Erzgebirges benötigt, die auf einem offenen Herd abwechselnd mit dem gerösteten Eisen aufgeschichtet wurden. Noch in den Jahren 1900 bis 1910 brachte der letzte Köhler des Osterzgebirges, der auf Neuwernsdorfer Flur arbeitete, regelmäßig seine Holzkohle in das Dorfchemnitzer Hammerwerk. Das für die Schmelze nötige Feuer wurde mit einem Blasebalg angefacht, der vollständig aus Holz gefertigt ist. „In anderen Mühlen besteht der Blasebalg aus Leder, aber Holz ist gegenüber Feuchtigkeit und Temperaturunterschieden nicht so anfällig", erklärt Christa Löschner, die über viele Jahre Besucher durch das Hammerwerk geführt hat. Obwohl die Qualität des Eisens sehr gut war, führte die schnelle Erschöpfung der Lagerstätten zur Schließung der Grube im Wolfsgrund, der Schmelzofen wurde 1844 zum Schmiedeherd umgebaut.

Als der Freiberger Bergbau zu Beginn des 20. Jahrhunderts seinen Niedergang antrat, war wieder der Einfallsreichtum der Dorfchemnitzer Schmiede gefragt. Sie stellten

Das Wasserrad für den Antrieb der Hämmer wurde 1968 erneuert und soll noch einige Jahre seinen Dienst tun. Um eine lange Haltbarkeit zu garantieren, darf es niemals austrocknen.

ihre Produktion um und fertigten nun Maschinenteile wie Kurbelwellen, Geräte und Werkzeuge für die ortsansässigen Bauern und Handwerker und sogar Kettenglieder. Mit einem besonderen Hammerkopf, der eine halbkugelförmige Aussparung hat, wurden sogar Stahlkugeln für Kugelmühlen ausgeschmiedet. „Das sind Steinschrauben", deutet Christa Löschner auf eine kurze Eisenstange mit einem seltsam gedrehten Ende, „Vorgänger des Dübels." Nebenan, im Haus des Hammerbesitzers, ist noch etwas vom früheren Wohlstand zu spüren. Im Erdgeschoss ist eine Heimatstube eingerichtet, die ein Bild vom ehemaligen Leben in Dorfchemnitz vermittelt. Zu sehen sind die schlichten Schränke der Bauern, aber auch ein nobler Frisiertisch aus betuchtem Haus, Musikinstrumente und Hausgerätschaften.

Claudia Hanisch

Service

Eisenhammer Dorfchemnitz
Hauptstraße 11
09619 Dorfchemnitz

Öffnungszeiten:
Dienstag–Samstag 13–16 Uhr
Von April bis Oktober auch Sonntag.
Voranmeldung wird empfohlen.
Auf Wunsch Schauschmieden.

Terminvereinbarung unter
Tel. 03 73 20/17 77 oder -12 37

Anfahrt: *von Chemnitz aus auf der B 173 über Flöha nach Oederan; in Oederan Richtung Mittelsaida/Sayda bis Großwaltersdorf, dort links abbiegen Richtung Großhartmannsdorf, in Großhartmannsdorf nach links auf die B 101 einbiegen und wenig später wieder rechts abfahren Richtung Mulda, in Mulda ist der Abzweig rechts nach Dorfchemnitz ausgeschildert.*

Tipp: *Drehorgelnachmittage mit der Wolfsgrunder Drehorgel aus dem Jahre 1924, eine von wenigen erhalten gebliebenen Trompetenorgeln, im Gasthof Wolfsgrund. Wolfsgrund 20, 09619 Dorfchemnitz, Tel.: 03 73 20/8 04 89*

Ein 100 Kilo schwerer Schwanzhammer bei der Bearbeitung des glühenden Eisens. Die maximale Schlagkraft beträgt 200 Kilo bei 60 Schlägen pro Minute.

Müller, Gastwirt und Bergmann

Ölsaaten und Getreide kamen in der Mittelmühle Friedebach unter die Räder und Pressen, aber auch eine Haferquetsche und sogar eine Knochenstampfe wurden vom Wasserrad in Gang gesetzt. Doch auch hier ging in den Fünfzigerjahren der Mühlenbetrieb zu Ende, die Räder standen still. Die Mühle teilte das Schicksal von sechs anderen, die einst der Chemnitzbach mit seiner Wasserkraft antrieb. Er fließt von den Höhen bei Sayda im Osterzgebirge zur Freiberger Mulde, Friedebach zieht sich in schöner, ruhiger Lage das Tal hinab.

Doch als die Mittelmühle stillgelegt und demontiert wurde, blieb wenigstens die Maschinerie weitgehend erhalten. Wilfried Kaltofen, der in der Mittelmühle aufwuchs und dem das Anwesen seit 1976 gehört, bewahrte sorgsam, was geblieben war. Und 1990, als der damalige Bergmann keine Arbeit mehr hatte, entschloss er sich „von heute auf morgen“, wie er sagt, die Mittelmühle als Gaststätte einzurichten. Aber damit gab er sich längst nicht zufrieden, zumal ihm immer wieder zugeredet wurde, die Mühlenanlage wieder aufzubauen. Endgültig bestärkte ihn die bundesdeutsche Mühlentagung in Friedebach 1995 dazu, ein Jahr später begannen die Arbeiten. 1997 waren die Besucher des 4. Deutschen Mühlentages Zeuge der Eröffnung des Mühlen- und Landwirtschaftsmuseums Friedebach, die „Kaltofenmühle“, wie sie hier genannt wird, existierte wieder.

Wer sich heute umsieht in dem Anwesen und Wilfried Kaltofen bei einem Rundgang zuhört, kann nur ahnen, was dazugehört, eine Mühle und ihre Anlagen zu restaurieren und zu rekonstruieren. Das große Wasserrad

Schönes Wetter und zünftige Klänge, mit Musik und Dreschflegel begrüßen an der Kaltofenmühle in Friedebach bei Sayda die Feuerwehrmusikanten und die Dreschflegelgruppe Einheimische und Gäste zum Mühlenfest. Fotos: W. H. Schmidt

samt Welle mussten neu entstehen, die Radstube, das Wehr, der Mühlgraben mussten beräumt werden, so manches Mauerwerk war auszubessern. Sorgen und Mühen, Geld und gute Worte, aber auch tatkräftige Hilfe von Nachbarn, Freunden, Einwohnern und einheimischen Unternehmen waren das eine. Lauferei und unsäglicher Schriftkram durch das Dickicht der Bürokratie waren das andere. Aber wenn Wilfried Kaltofen seinen Gästen dann das Wasserrad vorführt, die Maschinen, Anlagen und Geräte zum Ölpressen, Knochenstampfen, den uralten Glühkopfdieselmotor und den Stromgenerator zeigt, dann ist immer „Mühlentag" in Friedebach, nicht nur an den Pfingstfeiertagen. Ganz abgesehen davon, dass das gesamte Areal mit den Gebäuden, Teich und Mühlgraben, den Wiesen und schönen Bäumen ringsum zu einem Aufenthalt einlädt. Und wenn man einkehrt bei Wilfried Kaltofen in der gemütlichen Gaststube „Zur Mittelmühle" oder dem weiträumigen Biergarten im Grünen, dann begegnet man nicht nur einem entgegenkommendem Wirt, Müller, Bergmann und Museumsführer in einem, dann trifft man auch auf freundliche Preise.

Reinhold Lindner

Service

Mühlen- und Landwirtschaftsmuseum Friedebach – mit Gaststätte „Zur Mittelmühle"
09619 Friedebach
Freiberger Straße 8

Tel.: 03 73 65/13 52

Öffnungszeiten:
Mo. bis Fr. 9–15 Uhr und 17–22 Uhr,
Sa./So. 10–15 Uhr und 17–24 Uhr

Zwei Familien bemühen sich um den Erhalt der Wünschmannmühle

Privileg: Brot für Freiberg

Die Wünschmannmühle Krummenhennersdorf. Fotos: Andreas Judefeind

Das Wasser der Bobritzsch rauscht unter dem alten Gebäude an der Dorfstraße in Krummenhennersdorf. Auf ein Klappern des Mühlrades wartet man allerdings vergeblich. Dafür rattern die Sägeblätter durch die Kraft des Wassers im Takt und graben sich in einen Baumstamm ein. Eine Zwillingsturbine bringt es auf 22 Pferdestärken. „Hier ist noch Leben in den alten Gemäuern", erklärt Klaus Bernhard, der jede freie Minute im Sägewerk oder in der Mühle verbringt. Ein etwa ein Meter dicker Stamm aus dem Ort liegt unter dem horizontalen Gatter und wartet darauf, zerteilt zu werden. Auch wenn mit der alten Technik aus dem Jahr 1909 keine Rekorde mehr erzielt werden, ein paar Freundschaftsdienste kann man damit noch erfüllen. Und was für Klaus Bernhard, dessen Familie sich mit Familie Rüdiger um das technische Denkmal Mühle nebst Sägewerk kümmert, das Wichtigste ist: Die alte Technik lebt und kann jüngeren Generationen in Funktion vorgestellt werden. Zu verdanken ist das Mitgliedern der Interessengemeinschaft Mühlenfreunde sowie dem Institut zur Förderung des Umweltschutzes und ABM-Kräften. Sie haben den alten Sägegattern, die bis 1945 gewerblich genutzt wurden, im Jahr 2003 wieder Leben eingehaucht.

Nebenan zeigt Bernhard auf einen Generator. Eine zweite Turbine, die es auf gerade mal elf PS brachte, hatte hier 110 Volt Gleichstrom erzeugt. Für die Müller bedeutete das Licht zum Nulltarif. Auch die Mühlentechnik wurde damit seit 1923 angetrieben. Zuvor sorgten ein unterschlächtiges Wasserrad und kurze Zeit eine Dampfmaschine für den nötigen Schwung im Mühlenbetrieb. Seit dem Hochwasser von 2002, das der alten Technik im Erdgeschoss zugesetzt hatte, funktioniert der Generator nicht mehr. Bernhard hofft auf die Hilfe der Fachleute. Die Mühle selbst, der Standort wurde 1195 erstmals urkundlich erwähnt, ist in der heutigen Form von 1910 bis 1912 nach einem Brand wieder aufgebaut worden und stellte ihre Mahldienste 1982 ein. Das Besondere der einstigen Industriemühle dürften ihre vier großen Walzenstühle sein, drei Doppelwalzenstühle und ein Einfachwalzenstuhl, die, 1924 eingebaut, gewissermaßen eine Neuerung in der Region darstellten. In großen Mengen konnte damit das Grobe vom Feinen getrennt werden. In 24 Stunden wur-

Zu den zwei Familien, die sich engagiert für den Erhalt der Mühle einsetzen, gehört Marion Rüdiger.

den hier zu Hoch-Zeiten zwölf Tonnen Getreide gemahlen, Arbeit für fünf Müller, vier am Tag und einer in der Nacht.

Während Bernhard liebevoll über das alte Mahlwerk und den Mühlenstein streicht, erzählt er vom besonderen Privileg der Mühle aus dem Jahr 1460, Brot nach Freiberg zu liefern. Angeblich geht dieses Privileg darauf zurück, dass Krummenhennersdorf in Notzeiten die Bergwerke mit Brot versorgte. Brot aus dem gemahlenen Korn gab es in der von Wünschmanns betriebenen Bäckerei bis 1996. Ein Schild an der Backstube erinnert noch heute an den letzten Brotverkauf. Nun wartet der alte Backofen auf eine Renaissance, denn das Krummenhennersdorfer Mühlenbrot war über die Grenzen der Region hinaus bekannt und beliebt. Doch die Brotlieferung war nicht das einzige Privileg. Markgraf Albrecht der Stolze, der älteste Sohn Otto des Reichen, soll in Freiberg vergiftet worden und auf seinem Weg nach Meißen in Krummenhennersdorf verstorben sein. Der Leichnam wurde in der Mühle aufgebahrt. Bei so viel Ehrerbietung gabs fortan Steuerfreiheit. Das jedenfalls ist in alten Klosterchroniken zu lesen.

Momentan sind die Familien Bernhard und Rüdiger, denen der letzte Besitzer Hans Wünschmann 1991 das Wohl der Mühle anvertraut hat, auf jede Unterstützung angewiesen. Seit 1997 ist die Mühle als technisches Denkmal an der Silberstraße anerkannt. 1000 Besucher weihen Rüdigers und Bernhards Jahr für Jahr in die Mühlengeheimnisse ein. Und damit auch die mühevolle Arbeit der Bauern nicht vergessen wird, sammeln die „Paten" des geschichtsträchtigen Gebäudes alte Landmaschinen und hauswirtschaftliche Geräte, die im einstigen Getreidelagerraum besichtigt werden können.

Es ist spät am Abend, als Klaus Bernhard die Mühlentore verschließt und noch auf ein

Im Erdgeschoss finden die Besucher neben der Antriebstechnik eine Sammlung von Gebrauchsgegenständen rund ums Kochen und Backen.

Schild zeigt. Hier beginnt die etwa sechs Kilometer lange Grabentour bis Reinsberg. Ihren Namen verdankt sie dem Kunstgraben, der als Hilfsmittel beim Bau des Rothschönberger Stollens parallel zur Bobritzsch angelegt wurde, um das nötige Aufschlagwasser zum Betreiben der Bergbaumaschinen in den Lichtlöchern fünf und vier zur Verfügung zu stellen.

Gabi Fleischer

Service

Wünschmannmühle Krummenhennersdorf
Halsbrücker Straße 81
09633 Krummenhennersdorf

Kontakt: Hans Wünschmann,
Tel.: 03 73 25/23 743
Klaus Bernhard, Tel.: 03 73 24/79 94
E-Mail: sachsen@muehlen-dgm-ev.de

Öffnungszeiten: *Tag des offenen Denkmals und zum Mühlentag*
Führungen: *Anmeldung unter*
Tel.: 03 73 24-79 94 oder -73 14
Anfahrt: *aus Richtung Dresden über die B 173 bis Niederschöna, von hier über Oberschaar nach Krummenhennersdorf und aus Freiberg über Halsbrücke.*

Historisches Kleinod mit scharfen Zähnen

Einladend weit offen stehen die Tore des alten Fachwerkgebäudes, in frischer brauner und weißer Farbe leuchten Holz und Mauerwerk. Kein Zweifel, hier im historischen Sägewerk an der Hauptstraße in Mulda ist Besuch gern gesehen. Männer mit graublauen Arbeitsschürzen laufen geschäftig in dem alten, liebevoll restaurierten Häuserkomplex hin und her, und schon auf dem Parkplatz steigt mir der Duft von frischem Holz in die Nase. Doch er vermischt sich mit jedem Schritt hin zum Sägewerk mit dem Geruch von Diesel. Und ehe sich die Ohren an verschiedene Motorengeräusche gewöhnt haben, stehe ich auch schon mittendrin in der geschäftigen Welt des vergangenen Jahrhunderts.

Dampfsägewerk Drechsel in Mulda, Ansicht von der Fluss-Seite aus. Fotos: Andreas Judefeind

Hier in diesem kleinen Betrieb wird Geschichte anschaulich, wie sie für die wald- und holzreiche Erzgebirgsregion vielerorts typisch war. Nur existiert anderswo kaum noch ein solches Sägewerk mit dem technischen Standard aus den 30er-Jahren des vergangenen Jahrhunderts. Ein Sägegatter zerteilt gerade einen dicken, langen Baumstamm. Die beschürzten Männer achten streng darauf, dass sich die metallenen Zähne des Sägeblattes akkurat senkrecht durch das Holz fressen und niemand ihnen zu nahe kommt. Immer wieder fragen Umstehende nach, sie wollen viel über die historische Technik wissen. Auch sie freuen sich, dass ein Verein sich dieses Kleinods angenommen hat und es – ausschließlich zum Schausägen – wieder zum Leben erweckt. Dass sein Sägewerk im 21. Jahrhundert einmal die Herzen von Liebhabern historischer Maschinen höher schlagen lässt, das hätte der Randecker Gutsbesitzer und Holzhändler Ernst Wilhelm Schönlebe sicher nicht gedacht, als er im Jahre 1880 den damals modernen Betrieb an der ehemaligen Chaussee von Randeck nach Mulda bauen ließ.

Ein Wasserrad und Wasser aus der Mulde trieben bis 1927 die Sägegatter der Brett- und Lohmühle an, bevor eine Turbine die Wasserkraft ausnutzte. Sie wiederum wurde 1905 durch eine Dampfmaschine ergänzt. Das alte Sägegatter von 1880 gibt es noch, zwei weitere kamen hinzu. „Ein so genanntes Vertikalsägegatter ist 1936 die letzte Anschaffung gewesen. Auf diesem Stand ist hier im Sägewerk alles stehen geblieben – technisch und baulich“, erzählt Mario Mitzlaff den Zuhörern. Er gehört zu den etwa 30 Mitgliedern des „Fördervereins Technische Denkmale Gemeinde Mulda“. Viele von ihnen scheuen weder Zeit noch Mühen, um Gebäude und Technik zu erhalten. Noch heute ist das Werk im Besitz der Familie Drechsel, der Verein hat es gepachtet.

Neben dem großen Raum, in dem die Gatter laufen, finden sich ein Schärfraum, der noch immer all das birgt, womit ein solches Sägewerk instand zu halten war. Ein Kesselhaus erinnert an die Zeit der Dampfmaschinen, und im Untergeschoss des Betriebes steht Sachsens einziger Mühlenbauer Gottfried Schumann mit leuchtenden Augen neben einem Dieselmotor von 1938, dem heutigen Herzstück der gesamten Sägewerksanlage. „Den Motor nutzen wir jetzt als Antrieb, denn die Turbine, die einst vom Muldenwasser angetrieben wurde, dreht sich nicht mehr“, erläutert Schumann. Zwei Jahre lang und bestimmt insgesamt 900 Stunden

Als Besitzer und ehemaliger Sägewerks-Chef schaut Heinz Drechsel gern mal im Sägewerk vorbei. Für Ihn verbinden sich mit dem jetzigen technischen Denkmal viele Erinnerungen an ein ereignisreiches Berufsleben. Von 1972 bis 1994 wurde hier unter seiner Leitung Lohnschnitt für Forst und Landwirtschaft durchgeführt. Das Sägewerk ist seit 1929 im Besitz der Familie Drechsel und wird nun von einem Verein als technisches Denkmal erhalten.

hat der Mühlenbauer den Motor rekonstruiert, bevor er im Sägewerk die Gatter antreiben konnte. Die 40 Pferdestärken setzen ein rund 100 Meter umfassendes Geflecht aus Transmissionsriemen in Bewegung, das wiederum die Sägegatter antreibt. Und während Schumann den Motor nicht aus den Augen lässt, erzählt er, dass auch die alte Turbine bei ihm in der Werkstatt darauf wartet, repariert zu werden.

Schon wieder zum Laufen gebracht hat Ralf Ahrens die Dampfmaschine von 1899, welche einst die Wasserturbine ergänzte und bis 1972 ihre Dienste tat. In diesem Jahr starb der letzte Pächter des Sägewerkes, so dass fortan die Holzeigentümer ihr Holz selbst in dem Werk schnitten. 1995 lief der letzte Stamm über das Sägegatter. „Seit 1999 kümmern wir uns um das seltene Werk und wollen es als Museum erhalten", erzählt Mario Mitzlaff. Allerdings hatten es die Vereinsmitglieder nicht immer leicht und wurden vom Augusthochwasser 2002 in ihrem Bemühen gewaltig gebremst. Damals versank das Sägewerk großteils in der reißenden Mulde, und so mussten die Männer im Verein noch einmal die Ärmel hochkrempeln und bereits restaurierte Technik und Bausubstanz erneut herrichten.

Nun schauen sie schon auf die nächste Etappe ihrer Liebhaberei um das alte Werk. Die frühere Sägewerkerwohnung im Obergeschoss soll einmal ein Museum werden. Hier will der Verein veranschaulichen, wie einfach der Sägewerker einst gelebt hat. „Auch die Handwerks- und Industriegeschichte von Mulda wollen wir zeigen", blickt Mario Mitzlaff wieder ein Stück voraus.

Astrid Ring

Service

Dampfsägewerk Drechsel
Hauptstraße 91
09619 Mulda

Kontakt: Gottfried Schumann
Tel.: 03 73 20/86 70
E-Mail: info@muehlenbau-schumann.de

Geöffnet nach Voranmeldung unter Tel.: 03 73 20/86 70 zur Besichtigung.

Zum Schausägen öffnet es zum Deutschen Mühlentag (Pfingstmontag), zum Tag des offenen Denkmals (2. Septemberwochenende) sowie zum Tag des traditionellen Handwerks (2. Oktoberwochenende).

Einkehrmöglichkeiten in Mulda: Gaststätte „An der Muldentalhalle" sowie Café Flora.

Die Spanziehmühle Grünhainichen

Einzigartig in der Welt

Der Grünhainichener Dorfbach rauscht energisch unterm Haus durch, hier hat er es besonders eilig, das Gefälle am Berg mitten im Dorf ist ziemlich kräftig. Die Spanziehmühle ist wie eine Brücke darüber gebaut, und die Kraft der Fluten wird in den untersten Flur geleitet. Sie kommt vom dreieinhalb Meter hohen Wasserrad her über Wellen und Gestänge und setzt den großen Hobel in Bewegung, der vom kantigen Holzblock Span für Span abzieht. Eine sinnreiche Erfindung, die die schwere handwerkliche Arbeit zwar nicht ersetzte, aber erheblich erleichtern half. Präzise, maßgerechte Bedienung des Hobels war nach wie vor vorausgesetzt. Die Späne sind Millimeter dünn, aber bis zu dreißig Zentimeter breit und einem Meter lang. Ziemliche Formate, aus denen früher Trommeln, Hutschachteln, Schuheinlagen gemacht wurden, später dann auch Spanschachteln für Spielzeugverpackungen. Von der Familie Engert, die die Spanziehmühle betrieb, wurden jährlich zwanzig Festmeter Holz und manchmal auch mehr verarbeitet. In Grünhainichen werden die Späne in dieser Dimension und Festigkeit aus Buchenholz gezogen, Fichte und andere weiche Hölzer kommen hier nicht unter den Hobel.

Hier ist alles einmalig. Die Spanziehmühle Grünhainichen ist die einzige ihrer Art, die es noch im Original gibt, in aller Welt ist nichts Ähnliches bekannt. Und beinahe wäre auch dieses Kleinod verloren gegangen. Haus, Maschinen- und Wasseranlagen verfielen nach der Stilllegung 1976 zusehends, bis sich Ursel und Hermann Grimm 1991 der alten Spanziehmühle annahmen, das Anwesen kauften und die Rekonstruktion wagten, eine originelle und gemütliche Gaststätte einrich-

Spanziehmühle und Gasthaus. Fotos: W. H. Schmidt

Service

Spanziehmühle Grünhainichen – Gaststube und Traditionswerkstatt Mühlenstraße 36 09579 Grünhainichen

Kontakt: Ursula Grimm
Tel.: 03 72 94/16 20
E-Mail: sachsen@muehlen-dgm-ev.de

Öffnungszeiten:
Mittwoch bis Freitag 11–15, 17–23 Uhr,
Samstag 11–23 Uhr,
Sonntag 11–22 Uhr

teten und mühsam das Wasserrad samt Maschinerie wieder zum Laufen brachten. Das Gebäude wurde auf althergebrachte Art mit Fachwerk und in Lehmbauweise auf den ursprünglichen Natursteinmauern instand gesetzt, ein wertvolles Denkmal blieb erhalten.

Man kehrt gern in der Grunhainichener Spanziehmühle ein. Bei gutem Essen, Bier und Wein lässt es sich gemütlich hier sitzen, manchmal sind auch Bilderausstellungen zu sehen, die stimmungsvollen Musikabende sind immer ausgebucht.

Inzwischen ist nun gegenüber im alten und ebenfalls restaurierten Wohnhaus noch eine Märchenstube eingerichtet, dort sind auch die Kinder gern zu Gast, wenn Ursel Grimm vorliest und ihre Raritäten zeigt. Kaufen kann man auch allerlei, zum Beispiel von Künstlerhand bemalte Spanschachteln. Ein zurechtgeschnittenes Stück Buchenspan im Papierformat und mit dem Signet der Spanziehmühle gestempelt kann als handfeste Erinnerung an den Besuch in Grünhainichen mitgenommen werden. Und zur Geschichte des Spanziehens gibt es eine Ausstellung zu sehen, in der man erfährt, dass schon seit dem 17. Jahrhundert Spanschachteln hergestellt wurden und in Grünhainichen 1724 das Spanziehen per Urkunde als Handwerk besiegelt ist. Und nur diese eine Mühle von mehreren in Grünhainichen blieb erhalten, die besondere und einzigartige Mühle.

Reinhold Lindner

Die Späne werden unter anderem zu Schachteln verarbeitet.

Die Rochhausmühle bei Grünhainichen

Schätze aus der Vergangenheit für die Gegenwart

Die Geschichte ist eine Schatzkammer – und die Rochhausmühle im Tal bei Grünhainichen ist es auch. Und die Geschichte ist, wenn sich ihrer jemand annimmt mit Herz und Verstand, etwas sehr Lebendiges.

Dieses Leben spürt der Besucher schon, wenn er am Bahnhof Grünhainichen/Borstendorf vorbei zur etwas abgelegenen Mühle kommt. Hier stehen immer ein paar Autos, sind die Türen zum ehemaligen Mühlengebäude, das jetzt einen Antiquitätenhandel beherbergt, ebenso wie die Scheune nebenan, immer offen, unterhalten sich Leute über die gefundenen Schätze, Erinnerungen, die die Dinge hervorrufen, und die damit mehr als nur Dinge sind.

1521, weiß Ralph Geisler, ist die Mühle erstmals erwähnt worden – als „Uhlmanns Möhl“. Das Alter sieht man dem schmucken Fachwerkhaus nicht an. 1997 haben die Geislers es als Ruine von der Gebäudewirtschaft gekauft – und Ralph Geisler hat sich damit einen Traum erfüllt. Da hatte die Mühle ihre Geschichte eigentlich schon hinter sich; der neue Inhaber hat die wichtigsten Zahlen schnell parat: „Uhlmanns Möhl“ wurde später eine Brettmühle.

Das Anwesen der Rochhausmühle im Tal bei Grünhainichen. Fotos: Steffen Buschner

1838 übernahm Ernst Julius Rochhausen die Mühle, die 1847 zur Papiermühle umgewandelt wurde, die wiederum 1907 stillgelegt worden sei. Da gehörte sie schon dem Papierfabrikanten Haase, der sie aber noch an die früheren Besitzer Rochhausen verpachtet hatte. Sieben Meter im Durchmesser sei das ursprüngliche Mühlgrad groß gewesen, und im Laufe der Jahre wurden hier Lumpen gestampft, Papier, auch Büttenpapier hergestellt; eine Färberei gab es, von der wohl der Trübe Bach seinen Namen hat.

Später ist die Mühle verfallen – bis sie eben Ralph Geisler auffiel. „Die Bauunterlagen haben wir uns aus dem Sächsischen Staatsarchiv geholt", blickt er zurück. Und dann wurde gebaut – 1998 kam noch ein Pferdehof dazu, inzwischen wurde auch die benachbarte Scheune, die 1956 nach 202-jähriger Existenz schon einmal das Zeitliche gesegnet hatte, wieder aufgebaut.

Historische Mühlentechnik gibt es hier nicht mehr, dafür gibt es in der Rochhaus-Mühle jede Menge anderer historischer Gegenstände zu sehen. Geislers Antiquätenhandel ist inzwischen weit übers Erzgebirge hinaus bekannt. Gut sortiert, restauriert – wer in die Regale und Vitrinen schaut, sieht, dass dies mehr ist als ein Handel, hier lebt jemand eine Leidenschaft, deren Teil die Achtung vor der Vergangenheit, vor dem, was Menschen einmal geschaffen haben, ist. Was durchaus zur Zukunft passt: Ralph Geisler betreibt auch eine Photovoltaik-Anlage. Aber in der Vergangenheit wühlt er trotzdem noch: „200 Meter abwärts gab es noch eine Mühle. Wir haben angefangen, sie freizulegen."

Matthias Zwarg

Service

Rochhausmühle Antik & Trödel
Ralph Geisler
09579 Grünhainichen

E-Mail: rochhausmuehle@web.de
www.antiquitaeten-erzgebirge.de

Öffnungszeiten:
Mittwoch/Donnerstag 13–18 Uhr,
Samstag 14–18 Uhr

Technisches Museum Ölmühle Pockau

Die Butter des armen Mannes

Erzgebirger schwören auf ihr kalt gepresstes Leinöl – die „Butter des armen Mannes". Die einfachen Gerichte der Region gelingen erst richtig, wenn dafür frisches Leinöl verwendet wird. „Ardäppel mit Quark un e wenig Leinöl" steht noch heute auf dem Speiseplan vieler Familien. Durch die mehrfach ungesättigten Fettsäuren – etwa 75 Prozent – eignet sich das Öl für die diätische und gesunde Ernährung, denn es ist reich an Vitamin E und Lecithin. Der Tipp der Kenner: Leinöl darf nicht zu heiß werden. Wenn's aus der Pfanne raucht, ist es zu spät. Denn dann bekommen Getzen oder Klitscher einen bitteren Beigeschmack.

Gesunde Kost hat Ilona Ranft nicht vor dem „Mühlitis"-Virus bewahrt – so nennt sie ihre große Liebe zur alten Mühlentechnik. Als sie 1995 die Besucher zum ersten Mal durch die Pockauer Ölmühle führte, ahnte sie nicht, dass die dumpfen Töne der Stampfen und des Kollergangs sie nicht mehr loslassen werden.

Binnen kurzer Zeit macht die Vorsitzende des Pockauer Heimat- und Mühlenvereins Mühlenromantik erlebbar. Anschaulich erzählt die ehemalige Physiklehrerin im Museum von der harten Lohnarbeit der Müller im 18. Jahrhundert. Die schufteten, meist taub vom Stampfenlärm, zwölf bis 16 Stunden allein in der Mühle. Tagein, tagaus schleppten sie die schweren Tröge, mussten bei laufendem Betrieb die Stampfen geschickt ausheben – um in einer Stunde drei Liter Öl aus den angelieferten Samen zu gewinnen. Als um die Jahrhundertwende elektrisiert wurde, konnten die Müller in einer Stunde 30 Liter Öl pressen. Aber was ist das im

Andrea Kleditzsch und Georg Schremmer sind die Leinölkinder, die beim Leinölfest eine Szene aus der Zeit von 1900 bis etwa 1930 darstellen. Fotos: Andreas Judefeind

Vergleich zu heute, da 300 Liter im gleichen Zeitraum fließen? Geduldig beantwortet Ilona Ranft während der Führung alle Fragen ihrer Gäste. Die 222 Jahre alte Technik und ihre Funktionsweise ist dabei Dreh- und Angelpunkt. Mit Hilfe der Schwarzen Pockau setzt die Müllerin ehrenhalber, unterstützt von den Vereinsmitgliedern, die Mühlentechnik in Bewegung. Sie führt ihre Zuhörer gezielt zu dem Augenblick, bis das 3,70 Meter große Wasserrad sich dreht und damit die hölzernen Stampfenpaare in Bewegung setzt. „Alles ist noch voll funktionstüchtig", erklärt sie stolz, „aber gewiss stimmen sie mir zu, wenn ich sage, dass die Mühe nach fünf Minuten in Bewegung ihre Museumsruhe verdient hat."

Ölmühle, Knochenstampfe, Getreide- und Sagemühle … einst standen im Mündungsgebiet der Pockau in die Flöha 16 Mühlen. Darunter befanden sich auch drei Ölmühlen. Als einzige übrig geblieben ist nur die Pockauer, in der bis 1945 Ölfrüchte verarbeitet wurden. In ihrem ursprünglichen Zustand erhalten, steht sie seit 1953 unter Denkmalschutz. Aber nur dem Engagement von Mühlenfreunden unter Regie des Pockauers Heinz Neubauer ist es zu verdanken, dass das Haus zum Museum ausgebaut wurde. Seit 1990 ist das Mühlenmuseum in Deutschland das einzige, dass Technik zur Ölgewinnung aus dem 18. und 20. Jahrhundert vereint. Mühlenvater Neubauer war auch der Initiator der Mühlentour an der Silberstraße. Zwischen Zwickau und Dresden sind 70 Mühlen in diesem touristischen Projekt miteinander verbunden. Zentrale Anlaufstelle ist die Pockauer Ölmühle.

„Zum Glück hat Heinz, der 1998 starb, die Flut 1999 und 2002 nicht mehr erlebt", sinniert Ilona Ranft. „Das Wasser stand 1,40 Meter hoch in der Mühle. Was das Was-

Vorbereitung Leinölfest in Pockau, Puppen an der Ölmühle.

Andreas Matthes vom Mühlenverein erklärt das Auspressen des Leinsamens. Übrig bleibt der Ölkuchen, der noch als Futtermittel dient.

ser nicht zerstörte, übernahmen Dreck und Schlamm. Über 2000 Stunden ehrenamtlicher Arbeit waren nötig, um die Technik wieder zum Laufen zu bringen. Doch bleibende Schäden konnten wir nicht gänzlich verhindern." Seit diesen Unglückstagen bangen die Pockauer Heimatfreunde, wenn es anhaltend regnet. Bei der Schneeschmelze im März 2005 fehlten nur noch wenige Zentimeter zur dritten Katastrophe.

„Glück zu", damit begrüßt die Ilona Ranft ihre Gäste und sie weiß genau, dass sie wieder einige mit dem „Mühlitis"-Virus angesteckt hat. Manche buchen schon Jahre vorher Hotelplätze, um dabei zu sein, wenn die Pockauer aller fünf Jahre ihr Leinölfest feiern.

Katrin Kablau

Service

Ölmühle Pockau
Technisches Museum
Mühlenweg 5 b
09509 Pockau

Kontakt: Ilona Ranft
Tel.: 03 73 67/3 13 19 und -8 30 26
E-Mail: touristinfo@pockau.de

15. Mai bis 15. Oktober, mittwochs, 15 bis 16 Uhr, sowie sonnabends, 9 bis 11 und 14 bis 16 Uhr geöffnet. Sonderführungen sind nach Vereinbarung möglich. Auf dem Mühlenboden befindet sich eine Ausstellung zu Flachsanbau und verarbeitung. Dort treffen sich auch die Mitglieder des Heimat- und Mühlenvereins.

Pockau, direkt an der Bundesstraße 101 zwischen Annaberg-Buchholz und Freiberg, liegt in einem Tal, in dem die Pockau in die Flöha mündet. Zum einstigen Waldhufendorf gehören heute die Ortsteile Forchheim, Görsdorf, Nennigmühle und Wernsdorf. 120 Kilometer Wanderwege führen durch die schöne Landschaft, entlang an Flüssen und Talsperren zu den Höhenzügen des Erzgebirges. Nur wenige Minuten Fußmarsch entfernt, ist das imposante Fachwerkhaus der Amtsfischerei zu finden. Das Museum beherbergt mehrere Ausstellungen und ist Vereinshaus.

Ölmühle Kleinneuschönberg

14 Liter Öl aus einem Zentner Lein

„Lein ist die erste Heilpflanze." Das sagt Helmut Braun. Und der Kleinneuschönberger muss es wissen. Der heute 82-Jährige ist nicht nur gelernter Mahlmüller. Sein gesamtes Leben hat er in und mit Ölmühlen verbracht. Das begann im Elternhaus in Lippersdorf, wo der Vater unter anderem eine Ölmühle und eine Bäckerei bewirtschaftete. Als es Helmut Braun dann in die große weite Welt hinaus zog, landete er – wie könnte es anders sein – wieder in einer Ölmühle. Diese stand gar nicht so weit weg von seinem Vaterhaus, in Kleinneuschönberg, einem heutigen Ortsteil der Stadt Olbernhau, wo er 1959 Charlotte Butter heiratete.

Ihr Vorfahre Lorenz Butter, hatte 1661, aus dem Böhmischen kommend, in Kleinneuschönberg zwischen den Flüssen Flöha und Biela die Ölmühle errichtet. Das zum Antreiben des im Durchmesser 4,50 Meter großen Mühlrads notwendige Wasser lieferte schon immer die Biela. Die weitaus größere Flöha bedrohte dagegen die Mühle immer einmal wieder mit Hochwasser. Nach einem Brand 1868 wurde deshalb das neue, heute noch erhaltene Mühlengebäude auch ein Stück weiter oberhalb – in sicherem Abstand zur Flöha – gebaut.

Die nach dem ehemaligen Besitzer benannte Butter-Mühle in Kleinneuschönberg war das letzte Mal so richtig vor 37 Jahren in Betrieb. „Damals – 1968 – haben wir das Gewerbe abgemeldet", sagt Helmut Braun. Komplett davon leben konnte man sowieso nie. „Wir haben nebenbei noch Landwirtschaft betrieben", erzählt der 82-Jährige, bei dem selbst noch immer gern Leinöl auf der Speisekarte steht. Dabei ist es ihm egal, ob pur zu den so genannten Runden oder verarbeitet in den typischen erzgebirgischen Gerichten wie Getzen oder Latschen (Klitscher). „Leider ist das Leinöl heute relativ teuer geworden. Vor dem Krieg war es billig. Da kostete ein Liter 80 Pfennige. Zu Hitlers Zeiten kamen noch 50 Pfennige Fettsteuer drauf, was den Preis auf 1,30 Mark erhöhte", erinnert sich Helmut Braun.

Besonders gefragt war die Ölmühle in Kleinneuschönberg nach dem Krieg. „Damals kamen die Leute mit ihrem Lein sogar von Neuhausen zu uns", weiß der Olbernhauer. In guten Zeiten wurden damals pro Tag zwischen drei und fünf Zentner Lein verarbeitet. Aus einem Zentner wiederum wurden rund 14 Liter Leinöl gewonnen.

Wenn Helmut Braun erzählt, spürt man, wie ihn die Erinnerung für Momente Jahrzehnte zurückversetzt. Und er wehrt sich nicht dagegen. Zu sehr hängt er an dieser Mühle, ist mit ihr verwurzelt. Sie ist ein Teil seines Lebens – noch heute, obwohl offiziell längst sein Sohn Christoph der elfte Besitzer ist. „Es gibt immer etwas zu machen. Vor allem am Wehr, was von dem ständig ankommenden Unrat sauber gehalten werden muss", erklärt Helmut Braun. Der 82-Jährige muss dabei immer eine Wegstrecke von zirka einem Kilometer auf sich nehmen. Doch nicht nur Zeit ist es, die die Brauns in ihre Mühle investieren. In das Denkmal fließt vor allem auch jede Menge Geld. „1996 haben wir zum Beispiel das Wasserrad erneuern müssen. Im vergangenen Jahr war das gesamte Rohrsystem für die Zuleitung an der Reihe. Glücklicherweise sind wir 2002 von dem Augusthochwasser verschont geblieben", so Helmut Braun.

Um nicht nur zu investieren, haben sich die Brauns in der Vergangenheit auch damit beschäftigt, mit der Mühle eventuell Strom zu gewinnen. „Davon hat uns ein Mühlenbauer aber schnell abgeraten", sagt der Olbernhauer. So ist die alte Butter-Mühle mit ihrer Originaleinrichtung, wie etwa dem hölzernen Stampfwerk, der hydraulischen Presse und dem Wärmeofen das noch immer voll funktionierende Kleinod geblieben, das sie inzwischen seit Jahrzehnten ist. Leider bleiben die Besucher in jüngster Zeit mehr und mehr aus. Meist nur noch zu besonderen Anlässen wie dem Mühlentag kann Helmut Braun Gäste durch die altehrwürdige Mühle führen.

Vielleicht erzählt er dann auch, dass die Leinpflanze vom Verein zur Förderung der naturgemäßen Heilweise nach Theophrastus Bombastus von Hohenheim genannt Paracelsus – zur Heilpflanze des Jahres 2005 gekürt wurde. Heilen soll sie vor allem Husten, Verbrennungen und Magenbeschwerden.

Thomas Wittig

Service

Ölmühle Kleinneuschönberg
Am Graben 3
09526 Olbernhau

Tel.: 03 73 60/3 66 11

Besichtigung immer möglich, außer im Winter.
Die Ölmühle ist zum Mühlentag geöffnet.

Mühlentag 2004 in der Braunmühle Kleinneuschönberg. Helmut Braun führt als ehemaliger Ölmüller den ersten Besucher des Tages durch das technische Denkmal. Arthur Richter aus Blumenau (li.) hatte hier selber noch Leinöl im Krug für seinen Vater geholt. Ein Großteil der Maschinen und die Transmission funktionieren noch.
Foto: Andreas Judefeind

Der Kupferhammer in der Saigerhütte Olbernhau-Grünthal

Zwischen Zar und Biedenkopf

Was haben der russische Zar Peter I. und der erste Ministerpräsident Sachsens nach der Wende, Kurt Biedenkopf, gemeinsam? Beide sollen die Saigerhütte im Olbernhauer Ortsteil Grünthal besucht haben. Die Stippvisite des einen, nämlich Biedenkopf, ist verbrieft. Der angeblich 1711 erfolgte Abstecher des Zaren, bei dem er den Erzählungen nach auf einem der durch ein großes Wasserrad angetriebenen Hammerwerke geritten sein soll, scheint dagegen wohl eher eine Legende zu sein.

Dem heutigen Museumskomplex Saigerhütte tut das keinen Abbruch, im Gegenteil. Legenden und Erzählungen wie diese, die sich um das Areal ranken, lassen bei den Besuchern die Neugier wachsen. Ein Hauch von Mystik und Geheimnis macht die Runde, dem bei den Führungen durch den altehrwürdigen Kupferhammer oft noch etwas Nahrung gegeben wird. Dafür sorgt Ulrich Reimann, der den Gästen nicht verschweigt, dass der Zar bei seinem Hammerritt damals sein Glasauge verlor. Trotz intensiver Suche sei es nicht gefunden worden. „Erst vor einiger Zeit kam es wieder zum Vorschein und wurde prompt in den Mühlgraben eingemauert", erklärt Ulrich Reimann. Wer es sehen will, den führt er gern zu der bewussten Stelle. Und tatsächlich, da ist das Glasauge… oder doch nicht? Wer weiß?

Unbestritten dagegen ist die Tatsache, dass die Saigerhütte in Olbernhau-Grünthal mit ihrem historischen Kupferhammer das in Europa am besten erhaltene Ensemble der Buntmetallurgie des 16. Jahrhunderts ist. Gegründet wurde der Hüttenbetrieb im Jahre 1537 zur Silbergewinnung aus silberhaltigem

Museumsmitarbeiter Ulrich Reimann bedient die Schieber am Zulauf für die beiden Wasserräder im Inneren der Saigerhütte.
Fotos: Andreas Judefeind

Schwarzkupfer. Dies geschah über das so genannte Saigerverfahren. Dahinter verbirgt sich eine Technik, bei der unter Zusatz von Blei das Silber aus dem Schwarzkupfer gelöst werden kann. Das bringt auf zweifache Weise Gewinn: Zum einen erhält man reines Kupfer und zum anderen Silber. So war es nur logisch, dass die Saigerhütte auch ein Zentrum der Kupferverarbeitung wurde. Am bekanntesten ist heute das einst in Grünthal gefertigte Dachkupfer, das über 400 Bauwerke in ganz Europa trugen bzw. noch tragen. Dazu gehören der Stephansdom in Wien, der Dresdner Zwinger und das Ulmer Münster. Zu den Eigentümern der Saigerhütte gehörte ab 1554 Barbara Uthmann. Die Annabergerin ist bekannt geworden durch die Verbreitung des Klöppelns im Erzgebirge. 1567 musste sie das Olbernhauer Anwesen an Kurfürst August zwangsverkaufen.

Um die eigentliche Saigerhütte herum, von der nach dem Abriss 1952 nur noch Fragmente zu sehen sind, entstand im Laufe der Zeit ein eigenständiges Dörfchen, unter anderem mit eigener Münzstätte, Schule sowie Brau- und Schankgerechtigkeit. 1834 etwa zählte der Kupferhammer Grünthal 162 Einwohner. 1914 wurde der Betrieb des Kupferhammers offiziell eingestellt. 1979 erfolgte die Aufnahme der Saigerhütte als Denkmal in die zentrale Denkmalsliste der DDR. Vielmehr ist in jener Zeit aber nicht passiert. Erst mit der Wende zog wieder neues Leben in das Saigerhüttenareal ein. Kommunale Investitionen, etwa am Kupferhammer, der einstigen Hüttenschule und der Spinnstube wurden durch private ergänzt, wie das Hotel Saigerhütte und das Spielzeugland Stockhausen belegen.

Heute bietet die Saigerhütte Einheimischen und Touristen einen Mix aus Freizeit und Erlebnis in historischem Ambiente. 10.000 Besuchern jährlich nutzen diese Angebote. Zu den besonderen Höhepunkten zählen das aller zwei Jahre stattfindende Saigerhüttenfest – 1993 hatte diese Reihe ihr Premiere – sowie der alljährliche Hüttenadvent. Aber auch das Glücksschmieden im Kupferhammer ist nicht nur bei frisch Vermählten beliebt.

Wer dabei mit den Einheimischen ins Gespräch kommt, wird vielleicht erfahren, dass die Hütte 1778 während des bayrischen Erbfolgekrieges durch Österreicher und Kroaten schwer verwüstet wurde. Außerdem sollen sie die große Truhe, die heute im Kupferhammer steht, mitgenommen haben. Weil die Räuber aber nicht über die Schlüssel verfügten, hatten sie offensichtlich schon bald die Lust an der Truhe verloren, die dann ein halbes Jahr später wieder auftauchte. Auch nur eine Legende? Vielleicht. Dafür kann eventuell die Geschichte mit dem Zaren aufgelöst werden. Der war selbst nämlich überhaupt nicht in Grünthal. Vielmehr besuchte 1710 sein Sohn die Saigerhütte, um sich über das Saigerverfahren schlau zu machen. Dass ließ sich übrigens auch Biedenkopf bei seinem Besuch 1994 erklären.

Thomas Wittig

Service

Museum „Saigerhütte" - Kupferhammer Olbernhau
In der Hütte 10
09526 Olbernhau

Tel.: 03 73 60/7 33 67
Fax: 03 73 60/7 95 67
www.olbernhau.de

Öffnungszeiten:
1. März bis 23. Dezember
Mo. geschlossen, Di.-So. und an Feiertagen 9.30-12.00 Uhr, 13.00-16.30 Uhr

Führungen außerhalb der Öffnungszeiten sind nach Voranmeldung möglich.

Weitere Informationen in:
Von der Saigerhütte zum Kupferhammer Grünthal.
Von Hanns-Heinz Kasper

Das Hammerwerk, das durch Wasserkraft angetrieben wird.

Wasserkraftwerk Nennigmühle Pockau

Energie aus dem Museum

Die Turbinen der ehemaligen Mühle dienen heute der Stromerzeugung. Christian Werner aus Seiffen erklärt seiner achtjährigen Tochter Anna die technischen Zusammenhänge. Fotos: Andreas Judefeind

Gunter Spiegelhauer schwört auf über 100 Jahre alte Technik. Langlebig sei sie und robust. Deshalb setzte der Drechslermeister aus Pfaffroda-Hallbach vor einigen Jahren alles daran, als er zufällig erfuhr, dass die Nennigmühle zum Verkauf stand. Unter 25 Bewerbern erhielt er schließlich den Zuschlag. „Das alte Wasserkraftwerk ist mein Traum", beschreibt der 40-Jährige. „Man muss ihn nur durchstehen …"

Durchstehen musste der Erzgebirger, der 1993 mit seiner Frau Carmen in Pfaffroda-Hallbach die Drechslerei Spiegelhauer OHG gründete, in den vergangenen Jahren eine ganze Menge. Als Zulieferer für die holzverarbeitende Industrie ist Gunter Spiegelhauer stets auf der Suche nach neuen Geschäftsideen. Deshalb erwarb er auch das Kraftwerk in Nennigmühle, investierte 1,3 Millionen Euro in Kauf und Umbau. Die zwei Schachtturbinen aus dem Jahre 1898 produzieren heute jährlich eine Million Kilowattstunden Strom. Energie, die der Unternehmer für seine Produktion nutzt beziehungsweise ins öffentliche Netz einspeist. „So macht das Ganze jetzt Sinn", kommentiert Gunter Spiegelhauer. Doch bisher habe er sich für sein Engagement immer wieder rechtfertigen müssen, so der Unternehmer weiter. Nirgends seien die behördlichen Auflagen für diese umweltfreundliche Energiegewinnung so streng wie in Sachsen. Dabei könnten viele Investitionen ausgelöst werden, wenn man nur das Potentzial der Wasserkraft nutzen würde – so wie es vor 100 Jahren in der Region gang und gäbe war. „Was aber ist passiert? Es wurde alles totgemacht. Von den ehemals 3600 Wasserkraftwerken, die es in Sachsen einmal gab, laufen heute noch 360 Anlagen. Aber nur die Besitzer von 40 bis 60 Anlagen können auf gültiges Altrecht vertrauen und sind nicht der Willkür anderer ausgesetzt." Dieses verbriefte Altrecht und ein „dickes Fell", davon ist Gunter Spiegelhauer überzeugt, seien die entscheidenden Gründe dafür, dass sich die beiden FrancisTurbinen in seiner Mühle heute noch drehen. „Es ist ein Kampf gegen Windmühlen", beschreibt er. „Bis jetzt hatte ich noch keine Freude."

Die Schneidmühle, der der kleine Ort an der Flöha seinen Namen verdankt, entstand im 15. Jahrhundert. Auf der kleinen Tafel am nahe gelegenen Rittergut ist dazu ein geschichtlicher Abriss zu finden. Aus der ursprünglichen Mahl- und Brettmühle wurde eine Schneidmühle. Weil das Geschäft gut lief, ließen die Besitzer 1854 eine weitere am Fluss errichten. Max Reichel kaufte 1936 das nach einem Brand wieder auf-

Christian Werner aus Seiffen (li.) lässt sich vom Inhaber Gunter Spiegelhauer die technischen Details erläutern.

gebaute Haus und verdiente viele Jahrzehnte mit der Holzschleiferei seinen Unterhalt, bis er sein Unternehmen aus Altersgründen an Gunter Spiegelhauer verkaufte.

Im ersten Stock des aufwändig sanierten Wasserkraftbetriebes laufen mehrere Maschinen. Der Drechslermeister hat sie selbst entwickelt. Aber es werden keine Holz-, sondern Kunststoffteile produziert – mittlerweile jährlich viele Millionen Stück, deren Abnehmer in der ganzen Welt zu finden sind. Stolz führt der Unternehmer durch das Haus. Gibt ausführlich Antwort, kennt jedes technische Detail. Auch bei laufender Produktion fände sich immer Zeit für Führungen durch die Anlage. Und Ideen für die Zukunft gebe es noch genügend. Vielleicht finde im Kraftwerk ein kleines Technikmuseum Platz. Das kann sich der Hausherr schon gut vorstellen.

Gunter Spiegelhauer schwört auf die über 100 Jahre alten Turbinen, die nur aller 40, 50 Jahre einer Reparatur bedürften. „Einmal im Jahr lassen wir das Wasser ab, um die Maschinen zu warten. Mehr ist nicht nötig. Den Dreck von 60 Jahren haben wir 2000 aus dem Mühlgraben geholt. Dann aber kam das Hochwasser, das alle Arbeit zunichte machte. Und mit ihm 1500 Kubikmeter Geröll.“ Aber der Mühlgraben des Wasserkraftwerkes habe wie ein Hochwasserdamm gegen die Fluten gewirkt und die Bewohner der dahinter liegenden Häuser vor einer größeren Katastrophe bewahrt. Es waren schließlich nur zwei Zentimeter Wasserhöhe, die über die Kante des Grabens liefen.

Katrin Kablau

Service

Wasserkraftwerk Nennigmühle
Nennigmühle 17
09509 Pockau
Tel.: 03 73 60/7 26 49

Das Wasserkraftwerk Nennigmühle befindet sich im gleichnamigen Pockauer Ortsteil. Die Anlage kann zum Deutschen Mühlentag besichtigt werden oder nach Absprache.
Im Hauptsitz des Familienunternehmens wurde 2001 mit der Produktion von Holz-Pellets begonnen. Das neue Pelletierwerk in Pfaffroda-Hallbach hat heute eine Kapazität von jährlich 15.000 Tonnen des ökologischen Brennstoffs.

Gunter Spiegelhauer
Drechslerei Spiegelhauer OHG
Dresdener Straße 8
09526 Hallbach-Pfaffroda
Telefon 03 73 60/66 70
www.pellinos.de

Kurz vor dem Ortsteil Nennigmühle liegt etwas erhöht im Wald eine Gedenkstätte für die 96 sowjetischen Kriegsgefangenen, die während des Zweiten Weltkrieges dort starben. 1947 ist an Stelle der Holzkreuze ein Obelisk aus Stein mit den Namen der Toten in russischer Sprache errichtet worden. Eine Erweiterung und Neugestaltung des Mahnmals erfolgte 1960. Nennigmühle eignet sich als Ausgangspunkt für Wanderungen, beispielsweise entlang der Flöha. Lohnenswert ist ein Besuch der nur wenige Kilometer entfernten Saidenbachtalsperre.

Das Glockenspiel auf dem Mühlenboden

Es ist ein schöner Frühlingstag im Jahre 1873. In Frohnau wird auf dem hoch gelegenen Gutshof für ein junges Paar der Kammerwagen beladen, mit den Betten, Möbeln und anderem Hausrat. Die Freundinnen und die Schwestern der jungen Frau packen in ihre Tragekörbe geschickt die zerbrechlichen Glassachen, Porzellan und einige Essereien. Nachdem alles verstaut ist, setzt sich der Tross Richtung Raschau in Bewegung. Mit dabei ist auch die beste Milchkuh aus dem Stall der Eltern. Sie lassen Dörfel, Schlettau, Scheibenberg, Mittweida (das heutige Markersbach) hinter sich und nach vielen Kilometern beschwerlichen Fußmarsches tauchen die ersten Häuser des Dorfes auf. Doch ein Seil über die Straße versperrt den Weg. Erst als sich Carl Heinrich und Minna Süss und ihre Begleiter bei den Raschauern losgekauft haben, erreichen sie wenig später ihr Ziel. Sie sind angekommen in ihrem neuen Zuhause, der Mühle mitten im Ort, gleich neben der Kirche.

Vor den jungen Eheleuten liegt viel, viel Arbeit. Der vorherige Mühlenbesitzer war im Alter von 54 Jahren gestorben, die Witwe mit dem Betrieb überfordert. Zwar kauften zwei Geldleute ihr das Gebäude, so wie es war, ab, aber sie schlachteten es aus und ließen „nur Dreck und Schwaben" übrig. Minnas Vater hatte den Frohnauer Gutshof verpfändet, um den jungen Eheleuten den Start ins gemeinsame Leben zu ebnen. Er legte damit den Grundstein für fünf Generationen.

Dass sich das vier Meter große Wasserrad der Mühle im Raschauer Grund heute noch dreht, ist jedoch der Musikalität von Karl Süss, dem letzten Müllermeister und Enkel

Die Süss-Mühle von der Hofseite aus. Fotos: Andreas Judefeind

von Carl Heinrich Süss, zu verdanken. Denn in die Mahlstube im ersten Stockwerk des Gebäudes aus dem Jahres 1240 ist nach Weizen und Haferschrot seit vielen Jahren die Musik eingezogen. Der Müller- und Bäckermeister war Volkskünstler aus Leidenschaft. Nie gab er seinen Traum auf, es seiner Frau Vera, einer Sängerin, gleichzutun. Er wollte auf die Bühne, und er schaffte es auf die Bühne: 1948 hatte Karl Süss durch Zufall zwölf Glocken aus Meißner Porzellan kaufen können. Er baute daraus ein transportables Glockenspiel, dessen Klöppel elektromagnetisch über eine Tastatur bewegt werden. 1952 gibt der Raschauer Müller dann sein erstes Konzert im Chemnitzer Hof in Chemnitz. Kurze Zeit später gründet er die Heimatgruppe Raschau. Von da an wird einmal in der Woche in der Diele der Mühle geprobt. Doch Karl Süss ist nicht zufrieden. Immer wieder tüftelt er an seiner Konstruktion. Es gelingt ihm, das Instrument mit 26 Glocken auf zwei volle Oktaven auszubauen.

Hannelore Döscher, die Tochter des letzten Müllermeisters, gibt neben Führungen auch Konzerte mit einem außergewöhnlichen Instrument. Das Glockenspiel hat 26 Meißner Porzellanglocken und wurde von ihrem Vater konstruiert.

Schrotstein und Walzenstühle sind noch gut erhalten und funktionstüchtig.

Nach dem tragischen Tod des Müllers – er starb an den Folgen eines nicht vollständig aufgeklärten Gasunfalls – übernehmen seine älteste Tochter Hannelore und ihr Ehemann Hans-Joachim Döscher die Mühle. Das Lehrer-Ehepaar beginnt 1983 mit der Rekonstruktion des vierstöckigen Gebäudes, unterstützt von den drei Kindern und von Freunden. Autodidaktisch erschließt sich Hannelore Döscher in dieser Zeit auch das Glockenspiel ihres Vaters. Auf dem Mühlenboden gibt sie unter anderem zu den Deutschen Mühlentagen Konzerte.

Zeiten kommen
Zeiten gehn
Mühlenräder werden
ewig drehn.

Mühlrad im Innenhof bei vollem Betrieb.

Eine Stunde lang unterhält Hannelore Döscher, unterstützt von Keyboarder Michael Münch, ihr Publikum. Im Repertoire hat sie inzwischen neben Volks- und erzgebirgischen Liedern auch Hits wie „My way" und „Septemberwind". Konzerte mit dem Porzellan-Glockenspiel können ab 20 Personen gebucht werden. Ganzjährig bietet die Familie Führungen durch die Mühle an (auch in Englisch und Französisch). 2004 gründete die Familie einen Mühlenverein zur Förderung der alten Mühle.

Katrin Kablau

Service

Süss-Mühle Raschau
Muehlstraße 5
08352 Raschau

Kontakt: Anna-Maria Döscher
Tel.: 0 37 74/8 12 67
E-Mail: Anna-MariaDoescher@gmx.de

Die Süss-Mühle in Raschau, ein Anwesen mit vierstöckigem Fachwerkhaus und großem Innenhof, zählt zu den ältesten Zeitzeugnissen des Müllerhandwerkes innerhalb der Mühlentour an der Silberstraße. Noch bis heute voll funktionsfähig ist die gesamte Wasserkraftanlage mit Wasserrad und Francis-Turbine. Sie trägt die komplette Stromversorgung des Gebäudes. Die Mühle befindet sich mitten in Raschau, der Ort liegt an der B 101 zwischen Aue und Annaberg-Buchholz.

Durch seine günstige zentrale Lage an der Silberstraße eignet sich Raschau als Ausgangspunkt für Erkundungen. Das Wanderwegenetz ist gut ausgeschildert, wobei sich das Naturschutzgebiet „Almhof" am Fuße des 850 Meter hohen Hundsmaters besonders lohnt. Dort ist noch ein Stück unverfälschte erzgebirgische Landschaft zu finden: Reste der Charlottenzeche oder des Münzer-Stollen, Wiesen mit seltenen Pflanzen wie Sonnentau, Arnika und wilde Orchideen. Im Dorf selbst lohnt sich unter anderem die Besichtigung der Allerheiligen Kirche aus dem 16. Jahrhundert mit der Steinmüller-Orgel.
Im Nachbarort Langenberg existieren zwei gut erhaltene Brennöfen eines ehemaligen Kalkwerkes. Im Umkreis von zehn Kilometern befinden sich mehrere Schaubergwerke, das Heimateck Waschleithe, die Köhlerhütte Fürstenbrunn, die Stadt Schwarzenberg, das Markersbacher Pumpspeicherwerk. In und um Raschau gibt es zahlreiche Privatquartiere und Landgasthöfe, die über das Fremdenamt der Verwaltungsgemeinschaft Raschau-Markersbach-Pöhla mit Sitz in Markersbach, Haus des Gastes „Kaiserhof", vermittelt werden können (Tel.: 0 37 74/15 72 22).

Drehwerk im Freilichtmuseum Seiffen

Reifen und Räder – das Wasser ganz oben

Hier klappert keine Mühle im Tal am rauschenden Bach. Hier surren sanft die Schnuren über die Transmissionsscheiben und der Stahl schneidet mit schleifendem Ton in die rotierende Holzrolle. Ganz oben in Seiffen wird den Besuchern des Freilichtmuseums nach alter Art das Reifendrehen vorgeführt, und das Wasser kommt über den Berg. Vor der Holzkunst, die hier heimisch ist, kommt die Wasserkunst zu ihrem Recht, ein alter bergmännischer Kunstgraben leitet die Flut aus dem Nachbartal der Schweinitz herbei und ihre Kraft wird in einem kleinen Teich gestaut. Es reicht immer aus, um die Fichtenstämme zu wässern, zum Antrieb des Was-

Im historischen Reifendrehwerk des Freilichtmuseums Seiffen (Erzgebirge) aus dem Jahre 1758–60, erleben die Besucher, wie aus einem Holzkloben ein Reifen gedreht wird, der nach dem Aufspalten je nach Profil ein Tierchen sichtbar macht. Reifendreher Dirk Weber (re.) zeigt, wie die Tiere abgespalten und später nachgearbeitet werden. Die weltweit einmalige Kunst des Reifendrehens wurde hier um 1800 erfunden und wird nur im Spielzeugdorf Seiffen als Handwerk gepflegt.

Die traditionelle Kunst des Reifendrehens gibt es nur hier. Auf den Holzreifen wird beiderseitig eine Kontur gedreht, die beim radialen Aufspalten das fast fertige Tier zeigt. Ob in Naturholz oder bemalt, das Seiffener „Reifenvieh" findet seit über hundert Jahren viele Liebhaber. In der historischen Reifendreherei des Freilichtmuseums (im Foto) und auch in Schauwerkstätten des Ortes kann man Reifendrehern bei der Arbeit zusehen.

serrades langt es kaum noch. Aber bei besonderen Vorführungen an den Museumstagen ist das Wasserrad zuweilen in Betrieb und setzt die Transmissionen in Bewegung, im Alltag wird elektrischer Strom benutzt. Aber das imposante Wasserrad in der Radstube mit den Antriebsmechanismen, das alte Sägewerk, das man einst Schneidmühle nannte, und natürlich das Reifendrehwerk kann man sich ansehen, dazu die landwirtschaftliche Maschinerie, die ebenfalls von Wasserkraft in Gang gesetzt wurde.

Dem Wasser und seiner Kraft ist die sinnreiche Entwicklung des Seiffener Reifendrehens zu verdanken. Die großen hölzernen Formen, die einst für die Glashütten hergestellt und dann als kunstvolle Profile für die bekannten Reifenfiguren immer weiter vervollkommnet wurden, waren auf herkömmlichen Fußdrechselbänken nicht zu schaffen, meint der Direktor des Seiffener Spielzeugmuseums, Dr. Konrad Auerbach. Als der Bergbau nachließ und die Wasserkraftanlagen der Pochwerke den mechanischen Antrieb der Drehbänke anboten, wurden größere Formate möglich und damit auch die maschinell vorbereitete Serienfertigung von Spielzeugfiguren. Das begann etwa vor 250 Jahren und es begann so, wie es an dieser Stelle des heutigen historischen Reifendrehwerks im Freilichtmuseum Seiffen fortgesetzt wird. Das Reifendrehen hat sich kaum verändert, nur die Formen haben sich verfeinert. Um 1850 soll es 20 solcher Reifendrehwerke am Seifenbach gegeben haben, mehrere nutzten die alten Anlagen der überflüssig gewordenen Pochwerke für die neue Technologie der Spielzeugherstellung. Dort haben dann wirklich die Mühlen im Tale am Bach geklappert. Manche von ihnen trieben bis zu sieben Drehbänke an, die zum Teil auch an andere Spielzeugmacher „vermietet" wurden. Material, Werkzeug und Lampenöl waren mitzubringen, weiß Konrad Auerbach zu berichten.

Das Reifendrehen hat es über die Zeiten nur in Seiffen und umliegenden Spielzeugdörfern gegeben, der gute Ruf von Seiffener Spielsachen ist auch mit den Reifenfiguren in

„Dämme". Hier wird das Wasser gesammelt, das Holz schwimmt drin und wässert sich Geschmeidigkeit an. Niemand aber sieht, was die Stämme in sich bergen, wenn die Kraft des Wassers zum zweiten Mal ansetzt und die Holzrolle dem Drehstahl und den Meisterhänden anvertraut.

Reinhold Lindner

die Welt getragen worden. Wenn aber die kleinen hölzernen Geschöpfe dann beschnitzt und bemalt vor unseren Augen stehen, haben sie ihr eigentliches Geheimnis schon verloren. Das Wunder offenbart sich nur in dem Moment, da der Reifen aufgespalten wird und die Figur, die drin steckt, preisgibt. Bis dahin müssen die beiden Meister Dirk Weber und Hans-Günter Flath, die das Reifendrehen im Freilichtmuseum vorführen, mit Feingefühl und Augenmaß vom ersten Schnitt an schon präzise sehen, was noch nicht zu sehen ist: der Umriss des Pferdes, des winzigen Häschens, des Elefanten und des Schafs. Der Drehreifen selbst ist nur ein Gebilde aus Wellen, Rillen, Kerben. Alle vorstellbaren Tiere der Arche wurden in die Reifenform gebracht, es sollen Archen im Spielzeugangebot gewesen sein, die um die 400 Tiere in sich bargen.

Das Wasser kommt hier durch den Heidengraben „über den Berg", aus einem Tal ins andere. Noch bevor man hinein in die Drehstube geht oder dann in die Sägemühle, das Flößer oder Bergmannshaus, in die Werk- und Wohnstuben der Spielzeugmacher oder Korbflechter blickt – der Weg durch das schöne lockere Gelände des Freilichtmuseums Seiffen führt jedenfalls ganz oben an dem Teich vorbei, der sogenannten

Service

Freilichtmuseum Seiffen
Hauptstraße 203
09548 Seiffen

Tel., Fax: 0 3 73 62/83 88 (-82 39)
E-Mail:
info@spielzeugmuseum-seiffen.de

Öffnungszeiten:
täglich von 9–17 Uhr
Mittagspause beim Reifendreher 12–13 Uhr

In den Wintermonaten ist das Museum witterungsabhängig geöffnet, jedoch nur von 9–16 Uhr!

geschlossen am 24.12., 25.12., 31.12. und am 1.1.

(Parkplatz am Museumseingang, auch für Busse)

Herz und Krone im Wappen

Die Rolle-Mühle in Waldkirchen ist noch voll in Betrieb. Trotzdem legen die Inhaber viel Wert auf ein gepflegtes Äußeres des traditionsreichen Betriebes. Fotos: Andreas Judefeind

„Glück zu!" möchte man ausrufen mit dem Müllergruß, der einmal allgemein üblich in deutschen Landen war. „Glück zu!", wenn man die alte, schön renovierte Rolle-Mühle erblickt, wie hineindekoriert in die sanften Auen der Zschopau bei Waldkirchen. Ein geschnitzter Mühlenesel harrt im Grünen, ein Wasserstrahl treibt das Mühlenrad an der Front des Hauptgebäudes: symbolträchtiger Zierrat; längst verlassen schwere LKW das große Tor, beladen mit den Produkten des Hauses, längst treibt das (saubere!) Zschopauwasser das hauseigene „Kraftwerk", dessen Strom gar den PC des Inhabers (in fünfter Generation!) speist. Thomas Rolle ist ein Vertrauen erweckender, tatkräftiger Diplomingenieur, mithin der Moderne zugewandt: Keine ledernen Transmissionen klatschen mehr unter mehlbestaubtem Gebälk. Gemahlen werden nicht nur Roggen, Weizen, Dinkel, es gibt auch eine breit gefächerte Produktpalette für Bio-Erzeugnisse, Kooperationsverträge mit Biobauern aus der Umgebung, mit an die hundert Bäckereien, mit Läden für Bioprodukte: Mehlsorten und -mischungen, Teigwaren, der eigene Mühlenladen bietet überdies Selbstgebackenes zum Verkosten an, und der Duft umschmeichelt die Besuchernase schon vor der Tür. Warmes Vollkornbrot darf probiert werden, in den blitzsauberen Holzregalen präsentieren sich stolze Tüten, backfertige Mischungen, Zutaten, Müslis, Kleingebäck, Apfelringe …

Das Neueste aus der Rolle-Mühle ist übrigens „Brantex" – nicht essbar zwar, dafür kompostierbar. Die Ökoverpackung besteht wesentlich aus Getreidekleie und wurde gemeinsam mit Forschern der TU Chemnitz entwickelt. Es kann vielfach den quietschigen Schaumkunststoff ersetzen.

Hier ist alles Natur, Naturbelassenheit ist überhaupt das Stichwort, „Ökokorn", so steht es auf den Tüten, steht es auf den Ehrenurkunden, die den Korridor zieren.

Und wenn man die Biografie des Firmengründers erfährt, glaubt man daran, dass hier alles erstens auf Gesundheit, zweitens auf Erfolg eingestellt ist: Bäckermeister und Müller Christian Friedrich Rolle kaufte die Mühle, die zu einem Blaufarbenwerk gehörte, im Jahre 1856. Zu ihr zählten damals drei Wasserräder für zwei Mahlgänge und eine Säge sowie ein Backofen.

Die Inhaber sind stolz darauf, dass das Getreide zu 100 Prozent mit Strom aus Wasserkraft gemahlen wird. Dazu dient eine Kaplan S-Rohrturbine mit einer Leistung von 170 kW. Die Kraft wird mittels Treibriemen auf den Generator übertragen, der mit 1010 Umdrehungen pro Minute arbeitet.

Der Firmengründer übergab den Betrieb 1879 an die Söhne. Er selbst wurde, 53-jährig, Landwirt, kaufte das Rittergut Wittgensdorf und bewirtschaftete es bis 1890. In die Mühle kehrte er erst nach dem Ersten Weltkrieg zurück.

Als er 1926 seinen 100. Geburtstag feierte, wurde seine Auszugsstube in der Zeitung so beschrieben: „In der Ecke des behaglichen Stübchens mit den blanken Scheiben und den lichten Gardinen steht der rotbraune Sekretär, daneben ein hochlehniges Kanapee. Darüber hängt ein Regulator, vergilbte Photographien in schwarzen und ovalen Rahmen. Dann ein Bett, ein grüner Ohrenstuhl, ein gesticktes Käppchen – und über dem Bett das Bild des Heilandes…"

C. F. Rolle spielte da noch immer Skat, ihm schmeckten das Essen und seine tägliche Zigarre. Er stand vor 7 Uhr auf und ging gegen 20 Uhr schlafen. Er wurde 101. Langlebigkeit ist in der Familie Rolle mehrfach anzutreffen – wünschen wir sie auch den jetzigen und künftigen Inhabern!

Regina Röhner

Geschichtliche Daten auf einen Blick:

1563 Die Mühle der Siedlung Zschopenthal wird erstmals in der Steuerliste geführt.

1856 Der aus Leisnig gebürtige Bäckermeister C. F. Rolle kauft die Mühle und gründet die Firma C. F. Rolle.

1889 Die Wasserräder werden durch eine Girad-Turbine ersetzt.

1969 Die Turbinenanlage wird durch eine Francis-Turbine modernisiert.

1972 Verstaatlichung, der Inhaber bleibt Betriebsleiter.

1990 Die C. F. Rolle GmbH wird wieder Privatbetrieb.

1992 Errichtung der Wasserkraftanlage nahe dem Wehr.

1993 Mit „Öko Korn" wird die Marke für Bio-Getreideerzeugnisse eingeführt.

1994 Eröffnung des Mühlenladens.

1998 Die Rolle-Mühle wird mit dem „1. Preis für Umweltschutz und gesundheitsbewusstes Handwerk" der Handwerkskammer Chemnitz gewürdigt.

Inhaber Thomas Rolle schaut an den Walzenstühlen nach der Qualität des Mahlgutes.

Service

Rolle-Mühle
Zschopenthal 15
09437 Waldkirchen

Kontakt: Thomas Rolle
Tel.: 0 37 25/3 47 30
E-Mail: info@rolle-muehle.de

Aktivitäten: *Verkauf von Mühlenprodukten; Teilnahme am Mühlentag.*

Öffnungszeiten des Mühlenladens:
Montag–Freitag 7–16 Uhr

Ausflugsziele: *Augustusburg, Grünhainichen, Zschopau*

Die schöne und abwechslungsreiche Umgebung lässt sich gut zu Fuß oder mit dem Rad erkunden – im Tal der Zschopau oder auf den Höhen.

- *Schloss Wildeck in Zschopau*
- *Besucherbergwerk „Heilige Dreifaltigkeit Fundgrube"*
- *Stülpnerbrunnen bei Zschopau*
- *Spanziehmühle Grünhainichen*

Der Geheimtipp des Müllers:
Ein Besuch der Kapelle auf der Höhe nach Grünhainichen, die einst Gotteshaus war für die Einwohner von Börnichen, Borstendorf, Grünhainichen und Waldkirchen und heute noch als Begräbniskapelle genutzt wird. Historische Grabmale laden hier zu stiller Betrachtung ein, darunter auch zwei Grabkreuze aus den 1840er-Jahren für Verwandte des erzgebirgischen Wildschützen Karl Stülpner (1762–1841).

Die Knochenstampfe in Zwönitz-Dorfchemnitz

Vater Pfüllers Mühlchen

Noch schickt der Spätsommer seine letzten Blumen in das weite Hofgeviert, hier im alten Bauern- und Strumpfwirkerdorf Dorfchemnitz, das heute zur Stadt Zwönitz gehört. Man kann die Geschichte des Bauerngehöftes nahe am Bahnhof ein halbes Jahrtausend zurückverfolgen. Erstmals genannt wird es 1542 als Gut des Thomas Bach, später dann in der ersten Ortskarte von 1616 heißt es „Vater Pfüllers Mühlchen". Dorfchemnitz war ein alter Mühlenstandort, einst gab es hier fünf Mühlen, von denen einige bis ins 20. Jahrhundert existierten. 1989 starb der letzte Müllermeister Johannes Jähn, der bis 1971 die sogenannte „Günther-Mühle" betrieben hatte. Bis 1953, als der letzte Besitzer Max Leßmüller das Gut und die Mühle verließ und nach Westdeutschland flüchtete, waren Mahlmühle und Knochenstampfe noch im Betrieb.

1961 begann man mit der musealen Gestaltung der Anlage. Und 1973 wurde Martin Wintermann, heute Ehrenbürger der Stadt Zwönitz, sozusagen der „Vater" des Auf- und Ausbau als technisches Denkmal. Wie auch in anderen musealen Anlagen wurde dabei nicht nur das technische Denkmal wieder in Gang gesetzt, sondern zugleich versuchte man, ein Stück dörflichen Lebens in Exponaten und Ausstellungen zu bewahren.

Dorfchemnitz ist stolz auf seinen berühmten Bürger Samuel Pufendorf, einen der Väter der deutschen Rechtsgeschichte, der 1632 im Dorfchemnitzer Pfarrhaus geboren wurde. Ihm wird seit 1979 eine Ausstellung in der Knochenstampfe gewidmet, es gibt eine Strumpfwirkerstube, die auf die Traditionen der Strumpfwirkerei im Zwönitztal und auch hier im Ort verweist.

Die alte Knochenstampfe wurde wieder in Gang gesetzt. Schon nach dem Ersten Weltkrieg war die Lohstampfe zur Knochenstampfe umfunktioniert und mit Wasserkraft betrieben worden. Die Mühle wurde in mühsamer Arbeit wieder funktionsfähig gemacht. Man erneuerte die Grundmauern, deckte das Dach mit Naturschiefer, und rings um den eigentlichen Knochenstampfenbereich entstand ein Museum samt Gaststätte und Pension.

Knochenstampfe, manchmal fragen die Besucher, was man denn eigentlich mit diesem bäuerlichen Gerät machte, aber der Name sagt es: Die Knochen aus den eigenen Schlachtungen, aber auch aus anderen Gütern und Fleischereien wurden hier zu Knochenmehldünger gestampft, der über die Jahrhunderte hinweg, als der Kunstdünger noch nicht existierte, das hauptsächliche Düngemittel der bäuerlichen Wirtschaft war.

Die Produktionsform entspricht dem Prinzip auch anderer Wassermühlen. Ein Wasserrad treibt die Welle an, an der sich die Stampfen befinden, die nun die Knochen zerkleinern. Heute nun kann man in dem schönen alten Fachwerkhaus mit dem seltenen Rautenfachwerk dieses technische Denkmal in Betrieb erleben. Und noch etwas: Das Museum hat nicht nur eine ständige Ausstellung, sondert bietet viele Sonderausstellungen, es ist ein schönes Kulturzentrum des alten Dorfes an der Zwönitz geworden.

Klaus Walther

Museum Knochenstampfe. Fotos: W. H. Schmidt

Service

Knochenstampfe
Museum, Gaststätte und Pension.
Am Anger 1
08297 Zwönitz,
OT Dorfchemnitz

Tel./Fax: 03 77 54/28 66
Internet: www.knochenstampfe.de

Öffnungszeiten:
Mittwoch–Samstag
10–12, 13–17 Uhr,
Sonntag 12–17 Uhr
Mo./Di. Ruhetag

Die Papiermühle Niederzwönitz

Besuch in der Wintermannmühle

Mit dieser Mühle verbindet sich ein Stück meiner Kindheit. In den frühern Fünfzigerjahren, wenn der Großvater den Handwagen aus dem Schuppen holte, wenn er mit Pappen aus dem kleinen Kolonialwarenladen beladen wurde, wenn die hochaufgebaute Ladung festgezurrt wurde, wusste ich, was nun kam. Der Großvater fragte: Willst du das Zeug in die Wintermannmühle fahren? Und natürlich kannte der Großvater die Antwort, denn mit diesem Auftrag war ja auch ein Lohn verbunden. Ich durfte das Geld für die Altpappen und das Altpapier behalten. Also zog ich den Wagen durch die Stadt in das einstige Niederzwönitz, wo die alte Wintermannmühle stand.

Museum Papiermühle Niederzwönitz. Fotos: W. H. Schmidt

Eugen Wintermann war der Besitzer und auch der erste Arbeiter dieser Papiermühle, in der nie mehr als vier oder fünf Leute die Produktion betrieben. Er war ein freundlicher Mann, half mir beim Abladen, schichtete die Pappen auf die alte Kastenwaage und griff dann nach der kleinen Geldkassette, die auf dem Fensterstock stand. Ein paar Mark wechselten zu mir herüber. Damit hatte der lange Weg aus dem Dorf in die Mühle seine Entlohnung gefunden. Ich war zufrieden. Aber zumeist blieb ich noch ein bisschen in dem kalten und dunklen Raum und sah zu, wie sich die großen Mühlensteine bewegten. Es war ja wie ein Blick in ferne Zeiten. Der Holländer drehte sich, der Kugelkocher knarrte und über die Transmissionswellen liefen die Riemen, die die verschiedenen Maschinen antrieben, damit aus dem Altpapier wieder neue Pappen produziert werden konnten. Die erste urkundliche Erwähnung der Papiermühle in Niederzwönitz stammt aus dem Jahre 1568. Damals wurde aus Hadern und Lumpen Büttenpapier hergestellt. Man kann diese Urväterproduktion heute in den Kursen mit einer jungen Künstlerin wieder probieren, die interessierte Gäste in die Kunst des Schöpfens von Handbüttenpapier und andere Papierkünste einführt. Bis in die Mitte des 19. Jahrhunderts blieb die Produktion von Büttenpapier das einzige Erzeugnis der Papiermühle. Aber wir müssen noch ein wenig in die Geschichte hinabsteigen, um die Entwicklung der alten Papiermühle zu beschreiben. Schon 1620 wurde ein Wehrteich angelegt, um die Mühle durch ein Wasserrad anzutreiben. Über etliche Familien ging dann der Besitz der Mühle, bis 1847 die Papiermühle in eine Pappenfabrik umgewandelt wurde. Und schon 1865 taucht ein Julius Reinhard

Beim Papierschöpfen in der Mühle.

Wintermann auf, mit dieser Familie verknüpfte sich dann die Geschichte bis in den zweite Hälfte des 20. Jahrhunderts. Freilich gab es im vergangenen Jahrhundert etliche Neuerungen, ein Hilfsmotor wurde angeschafft, damit man die Produktion auch in wasserarmen Zeiten noch ermöglichen konnte. Es gab schon um 1900 eine neue Handpappenmaschine, 1938 kam ein Walzwerk hinzu. Man stellte Grau-, Jacquard-, Hart- und andere Pappen her, und man hatte eine Jahresproduktion, die nicht mehr als 78 Tonnen betrug. So also blieb die heute älteste noch funktionstüchtige Papiermühle Deutschlands bis 1973 in Betrieb. Aber schon ein Jahrzehnt später wurde sie ein Museum, das vor allem in den letzten Jahren erweitert und ausgebaut wurde. Selbstverständlich wird bei einer einstündigen Führung der gesamte Produktionsablauf vorgeführt und erläutert. Und natürlich kann man auch das große Wasserrad besichtigen. Ergänzt wird dieses museale Geschehen durch die Vorführungen, wie man Handbüttenpapier schöpft, wie Wasserzeichen ins Papier kommen, eine schöne Lektion alter Handwerks- und Industrieproduktion. Dass man daneben heute im Gasthof „Zur alten Mühle“ gemütlich unter Bäumen sitzen kann, gehört zur Erlebniswelt, die von vielen Besuchern, auch aus anderen Ländern, gerne aufgesucht wird.

Klaus Walther

Service

Papiermühle Niederzwönitz
Köhlerberg 1
08297 Zwönitz

Tel.: 03 77 54/26 90
Internet: www.zwoenitz.de

Öffnungszeiten:
Mi. bis Sa. 10–12 Uhr, 13–17 Uhr
So. 12–17 Uhr
Mo./Di. Ruhetag

Die Wiesenmühle in Thalheim

Die resolute Müllerin

Brigitte Haschek hatte sich nie vorstellen können, ein Leben zu führen, wie sie es geführt hat. Sie stammt aus einer sächsischen Kleinstadt, und als ein gewisser Herbert Haschek sich eines schönen Abends Anfang der 50er-Jahre nach dem Tanz ganz forsch mit ihr verabreden wollte, da sagte sie zu ihm: „Langsam, langsam, ich habe ja wohl noch nicht deine Kühe gehütet." Vielleicht hat sie ja trotzdem geahnt, dass sie diesen Herbert Haschek aus Thalheim 1956 heiraten würde, dass sie drei Jahre später mit ihm zusammen die sehr alte Wiesenmühle in Thalheim übernehmen würde, und dass diese Mühle zugleich ein Bauernhof war, auf dem mehr als nur Kühe zu hüten waren.

Das Mühlenhandwerk war zu dieser Zeit schon eine brotlose Kunst. In der Thalheimer Wiesenmühle wurde noch vereinzelt Tierfutter geschrotet, die mehr als 100 Jahre alte Ölmühle, die Hascheks Großvater Julius Richter 1897 gekauft hatte, war längst außer Betrieb. Die industrialisierte Landwirtschaft in der DDR strebte nach Größe – große Felder, große Ställe, große Sprüche. Kleine Mühlen, wie die Wiesenmühle in Thalheim, waren nicht mehr gefragt – höchstens noch fürs Museum. Brigitte Haschek erinnert sich an ein paar Männer, die eines Morgens neugierig den Mühlenhof inspizierten. Ihr Mann war gerade unterwegs, also fragte sie, um was es denn gehe. Die Herren sagten unverblümt, dass die Wiesenmühle umgesetzt werde – in ein Museum. Aber sie hatten wohl nicht mit einer resoluten Frau gerechnet, die das Herz auf dem rechten Fleck hat und außerdem ganz nah an der Zunge. Sie erklärte den Herren Mühlenumsetzern, dass die Wiesenmühle Eigentum der Familie Haschek sei und auch bleiben werde. Die Herren suchten daraufhin sehr schnell das Weite. Brigitte Haschek war freilich selbst ein bisschen erschrocken über die eigene Courage.

Nach der Wende entschloss sich Familie Haschek zum Neubeginn. Der Mühlenhof sollte eine Pension werden. Im Januar 1991 wurde mit dem Umbau der ehemaligen Scheune begonnen und schon im April

Die idyllische Lage in den Wiesen der Flussaue gab der Wiesenmühle ihren Namen. Der große Hof mit der Linde stammt noch aus Zeiten, als hier die Pferdefuhrwerke Halt machten.

Brigitte Hascheck kennt noch die schwere Arbeit eines Ölmüllers aus eigenem Erleben. Bis 1953 wurde in der Wiesenmühle Thalheim Leinöl produziert. Fotos: Andreas Judefeind

schliefen die ersten Gäste hier. Es folgten ein Café und ein Ferienhaus, und 1998 wurde schließlich auch die schlafende Mühle wieder geweckt. Ein neues Wasserrad aus Lärchenholz wurde eingebaut, das alte, verfaulte Kammrad ersetzt. Die Räder drehen sich wieder und treiben über eine Welle aus Eichenholz die sieben Stampfen an, in denen einst die Ölfrüchte zu einem fettigen Schrot zerschlagen wurden. Dieses Schrot wurde erhitzt und dann in den zwei Keilpressen ausgepresst. Aus einem Zentner Lein wurden so 12 bis 13 Liter Öl gewonnen. Das freilich bleibt Geschichte, denn für eine Wiederaufnahme der Ölproduktion sind die hygienischen Anforderungen zu hoch.

Die Pension wird inzwischen von Herbert und Brigitte Haschecks Sohn Bernd und seiner Frau Andrea geführt. Brigitte Haschek muss keine Kühe mehr hüten, denn es gibt in der Wiesenmühle keine Tiere mehr. Sie helfe hier und da, sagt Brigitte Haschek. Oft führt sie Besucher durch die Mühle. Und schließlich sagt sie, dass sie niemals weg will von diesem „wunderbaren Fleck“, der ihr ein so arbeitsreiches und manchmal mühevolles Leben beschert hat.

Matthias Behrend

Bernd Hascheck zeigt seinen Gästen gern die Arbeitsgänge bei der Produktion von Leinöl. Nach dem Stampfen werden die Leinsamen in ein Sieb gefüllt und ausgepresst. Die gesamte Technik dazu ist in der Wiesenmühle Thalheim noch funktionsfähig.

Service

Wiesenmühle Thalheim
Chemnitzer Straße 48
09380 Thalheim

Kontakt: Fam. Hascheck
Tel.: 0 37 21/2 33 71

Die Pension Wiesenmühle befindet sich am Ortseingang von Thalheim aus Richtung Meinersdorf.
Zu erreichen ist sie mit dem Auto über die B 180 oder mit der Erzgebirgsbahn, die zwischen dem Chemnitzer Hauptbahnhof und Aue durchs Zwönitztal pendelt. Von den Haltepunkten Meinersdorf oder Thalheim ist es in etwa gleich weit. Je nach Kondition ist es ein halb- bis einstündiger Spaziergang, wobei der Weg aus Richtung Thalheim empfehlenswerter ist.
Direkt an der Wiesenmühle vorbei führt auch ein Rundwanderweg. Für die kleine Runde rings um die Stadt Thalheim braucht man etwa 2 bis 2,5 Stunden. Für die große Runde, die bis hinauf nach Hormersdorf und Auerbach führt, sollte man 4,5 bis 5 Stunden einplanen.
Die Pension hat 14 Ein- und Zweibettzimmer sowie zwei Ferienwohnungen.

Klopfermühle Lengenfeld

Die letzte Wassermühle im Vogtland

Klopfermühle Lengenfeld. Fotos: W. H. Schmidt

Das Vogtland ist ein Land der Sagen und der Geister, in dem der Wilde Jäger haust und das Moosmännlein des Nachts die Wälder rauschen lässt. Ist das Rauschen lauter als der Bach, dann wissen die Menschen, dass ihr bemooster Wohltäter in Nöten ist und in einer Mühle unterkriecht, um vor dem Wilden Jäger Schutz zu suchen.

Eines der sagenhaften Flüsschen dieses Landes ist die Göltzsch. Man hat in ihren Wassern sogar Gold gefunden. Vor einem guten Dutzend an Generationen war der Fluss zwischen Mühlwand und der Hoyersmühle zu Lengenfeld in sieben Claims eingeteilt, die man „Goldseifen" nannte. Die erhofften Erträge blieben aus. Der Goldrausch an der Göltzsch, er dauerte nur wenige Jahre.

Die Hoyersmühle hat es überstanden. So wie zuvor schon den Dreißigjährigen Krieg und wie danach so manche schrecklich große Zeit. Das Städtchen Lengenfeld verdankt ihr sein Erscheinen in der dokumentierbaren Geschichte. Die Urkunde vom 17. April 1438 bezeugt eine Zahlung nach Zwickau für ein Gut „in dem dorffe zcu Lengefelt, gnant in der Hoyersmule, da itzund einer uff sitzit, gnant Nickel Hoyer". Diese Hoyers „uff sitzit" dortselbst noch bis 1595. Der Name „Hoyersmühle" aber lebte weiter durch die Jahrhunderte.

Eine Kopie des Hoyer-Dokuments aus dem Zwickauer Ratsarchiv hängt heute in dem kleinen Sammelsurium, dass der jetzige Mühlherr Dietrich Klopfer zur Freude seiner vielen Besucher neben dem Kontor der Mühe eingerichtet hat. Dort findet man auch einen Stammbaum seines eigenen Geschlechts, der Klopfers. Dessen Schicksal, das seit reichlich 125 Jahren mit der Mühle an der Göltzsch verbunden ist, lässt sich über 500 Jahre bis in die Zeit des Nickel Hoyer zurückverfolgen. Petzold Cloppfer, der Ahnherr, war der westsächsischen Obrigkeit im 15. Jahrhundert als „vermögend" bekannt, und von ihm führen der Stamm, die Äste und das Gezweig bis hin zu Dietrich Klopfer, dem Lengenfelder Müller unserer Tage.

Die Hoyersmühle war lange Zeit der größte Steuerzahler Lengenfelds. Die Mühle mahlte nicht nur das Korn der Bauern, sie hatte auch von der Industrialisierung des Göltzschtals ihren Teil. In einem aufgesetzten Stockwerk ließen Lengenfelder Textilfabrikanten im 19. Jahrhundert Spinnmaschinen aufstellen, die mit Wasserkraft betrieben wurden. 1853 ließ der damalige Besitzer, Christian Wilhelm Lautenschläger, die heute noch vorhandenen Gebäude errichten – ein Gut von beachtlicher Größe, wie jeder Mühlenbau an die speziellen Gegebenheiten der Landschaft angepasst. Ein Kleinod und ein Fest für die Augen. Die Häuser sind heute gelb gestrichen, die Fensterläden grün.

Die Klopfers traten 1863 an der Göltzsch auf den Plan. Christian Gotthelf Klopfer kam von der Grün-Mühle in Werdau her und übernahm die alte Hoyersmühle, die nun zur Klopfermühle wurde und vom Vater auf den Sohn überging bis auf den heutigen Tag, bis hin zu Dietrich Klopfer, Jahrgang 1946. Die vierte Generation.

Die Klopfermühle ist die letzte noch verbliebene Wassermühle des Vogtlands. 45 davon gab es allein an der Göltzsch um 1880. Das Wasser für die Mühle wird einige Schritte flussaufwärts an einem blau angestrichenen Wehr aus der Göltzsch abgezweigt. Umweltschützer und die Chemnitzer Interessengemeinschaft Fließgewässerschutz, die

den Fluss 2005 auf zwölf Jahre gepachtet hat, stellen sich kritisch zur Wasserkraftnutzung, kämpfen für Beschränkungen. Der Müller ist mit ihnen im Gespräch.

Dietrich Klopfer heißt in seiner historischen Mühle Jahr für Jahr hunderte Gäste willkommen, Schulklassen und Reisebus-Gesellschaften darunter. Das betagte Schild im Eingang ist demnach nicht ganz ernst gemeint, auf dem geschrieben steht: „Der Betritt der Mühle ist jedermann streng untersagt, fremde Müllergesellen erhalten das Geschenk in der Stube.“ Es ist übriggeblieben, wie vieles, das im Siebrahmen der Geschichte, der das Grobe vom Feinen trennt, einfach so hängen bleibt.

Eine erstaunliche Kollektion von Antiquitäten und Krempel, Erstaunlichem und Nutzlosem wird seit 1990 in einem „Museum“ genannten Raum in der Klopfermühle präsentiert. Da geht es nicht nur um die Mühle, sondern auch um Land und Leute, um das Vogtland, Deutschland und die Welt. Dort hängen Landkarten, liegen Abzeichen, lagern handwerkliche Utensilien und alte Banknoten. Fast scheint es, als ob der Müller zeigen wollte: Wohin ihr auch schaut, wie weit ihr zurückblickt, woran ihr euch erinnern mögt – die Mühle an der Göltzsch war immer da.

Und noch heute soll es sich manchmal begeben, dass die Wälder lauter rauschen als der Bach und das Moosmännlein herüberlugt.

Ronny Schilder

Service

Klopfermühle Lengenfeld
Zwickauer Straße 29
08485 Lengenfeld

Kontakt: Dietrich Klopfer
Tel./Fax: 03 76 06/26 22

Öffnungszeiten:
Mo.-Fr. 9-12 Uhr, 13-17 Uhr
Sa. 9-12 Uhr

Führungen durch die Mühle sind jederzeit nach vorheriger Anmeldung möglich. Im Mühlenladen werden Naturkostprodukte zur gesunden Ernährung verkauft.

Klatschmühle Schlunzig

„Du musst die Nerven behalten"

Manchmal, wenn er im Sommer aus dem Fenster blickt, sieht Gerhard Tzscheutschler die Störche. Jenseits des Flusses, mitten im Dorf steht ihr Nest. Es sind Weißstörche, die zwischen Fachwerkhäusern und Dorfteich, auf dem Dach der Kirche, ihre Jungen großziehen. Fast zum Greifen nah erheben sich hinter dem Ortsrand die Montagehallen von Volkswagen. Im August, wenn sich der Sommer dem Ende zu neigt, verlassen die Vögel den Ort. Sie fliegen in den Süden, nach Afrika, der Sonne hinterher. Manch sehnsüchtiger Blick wird ihnen folgen.

Gerhard Tzscheutschler ist Ingenieur für Getreideverarbeitung. Zusammen mit seiner Frau Ursula betreibt der 58-Jährige die Klatschmühle im Zwickauer Ortsteil Schlunzig. In der sechsten Generation befindet sich die Mühle im Familienbesitz. Gottlieb Wilde, Gerhard Tzscheutschlers Ururgroßvater mütterlicherseits, erwarb das Anwesen 1816. Doch die Mühle ist älter, wie eine von den Tzscheutschlers aufbewahrte Abschrift aus den Archiven von Schlunzig belegt: 1555 findet sich im Handelsbuch ein Eintrag über: „Simon des Klatschmüllers erborgtes Geld ... von dem Richter Winkler zu Wernsdorf, das er ihm 10 gute Schock fürgestreckt habe. Der Klatschmüller Simon Müller versprach Zinsen zu zahlen und hatte eine Wiese zur Mühle gehörig zum Unterpfand eingesetzt."

Im Erdgeschoss rotiert mit gleichmäßigem Rumoren eine lange stählerne Welle – die Haupttransmission. Riemen laufen ins Obergeschoss. Sie treiben über eine Vorgelegewelle die Getreidequetsche an, den Senkrechtförderer, Elevator genannt, die Schrotmischmaschine und den Fahrstuhl. Bewegt wird die Mechanik von einem Elektromotor. Alle anderen Maschinen und Fördergeräte in der Mühle und im Getreidesilo haben Einzelantrieb durch separate Elektromotore. Auch die Schrotmaschine, das wie ein Radkasten geformte eigentliche Mahlwerk, wird von einem gesonderten Elektromotor ange-

trieben. Unter ihrem Gussgehäuse surrt die mit Schlagstiften gespickte Schlagscheibe. Dreitausendmal dreht sie sich in der Minute und zerkleinert dabei die Körner, die durch den Vorbehälter vom darüber befindlichen Boden nachrieseln.

Mehrere Male wurde die Mühle abgebrochen und neu aufgebaut. Das letzte Mal 1931 von Gerhard Tzscheutschlers Großvater Friedrich Wilde, der auch den fünfgeschossigen Turm mit den Fachwerketagen errichtete, der ein neues Mahlwerk einbauen ließ, der das Wasserrad durch eine Turbine ersetzte. Noch heute kann sie zur Unterstützung zugeschaltet werden. Altes durch Neues ersetzen, nach vorn schauen, sich neu erfinden – die Zeiten erforderten das immer wieder.

Gerhard Tzscheutschler mahlt Gerste, Weizen, Hafer und Mais zu Futterschrot und Quetschfutter. Er nimmt sich Zeit für den Besucher, erzählt, wie er Müller wurde. Gedämpft dringt das Surren der Transmission herauf in die Wohnung. „1964 begann meine zweijährige Lehre als Getreidemüller. Da hab ich richtig Mehl herstellen gelernt. Anschließend habe ich bei meinen Eltern in der Mühle mitgearbeitet." Von 1968 bis 1971 dann Fachschulstudium zum Ingenieur für Getreideverarbeitung in Dippoldiswalde. In dieser Zeit, 1969, findet die Hochzeit statt. Nach dem Studium ein halbes Jahr Leitung der Produktion in Wünschendorf bei Gera als Obermüller. 1972 schließlich die Übernahme der elterlichen Mühle. Drei Kinder werden geboren, zwei Töchter, ein Sohn. Es sind die Stationen eines erdverbundenen, tätigen Lebens.

Arbeit gibt es in der Mühle reichlich. Das ganze Jahr über. „Auch wenn im Sommer das Milchvieh auf der Weide ist, müssen weiterhin die vielen Kleintiere mit Futter versorgt werden. Für jede Tierart gibt es eine bestimmte Rezeptur. Als Eiweißstoff mischen wir Sojaschrot bei, dann Futterkalk als Mineralstoff für den Knochenaufbau und außerdem Vitamine. Der größte Kunde mit einer Abnahmemenge von 100 Tonnen Futter monatlich ist die Agrarproduktion in Dennheritz."

Der Großabnehmer schickt Lastwagen, die mit Schüttgut befüllt werden. Aber auch Landwirte im Haupt- und Nebenerwerb sowie Kleintierhalter zählen zu den Kunden. Mit dem Mopedanhänger oder mit dem PKW holen sie das in weiße und bunt bedruckte 25- bzw. 50-Kilogramm-Säcke ab-

Gerhard Tzscheutschler in der Klatschmühle Schlunzig. Fotos: Jens Kraus

gefüllte Futter. Sie haben zu Hause Hühner, Schafe, Enten, mancher hat auch Gänse; einige halten Rinder oder Schweine und manche besitzen Pferde. Hier in der Mühle begegnen sie einander, es bleibt Zeit, ein paar Worte zu wechseln, über das Wetter, die Ernte und die Zeiten und vielleicht auch über die Störche, die zu einer kleinen Attraktion geworden sind.

Als nach der Wende die Landwirtschaft der Region einer ungewissen Zukunft entgegen sah, eröffnete Gerhard Tzscheutschler zusätzlich zur Mühle einen kleinen Landhandel. Seither verkauft er auch Futter für Hunde, Katzen, Kaninchen und alle Geflügelarten bis hin zum Ziergeflügel. Er bietet elektrischen Weidebedarf und Tierbedarfsartikel an, wie Tränken und Raufen und hat Gerätschaften für die Gartenarbeit, Düngemittel, Sämereien und Pflanzenschutzmittel wie etwa Schneckenkorn im Angebot – ein zweites Standbein. Es gab Zeiten, da hätte die Mühle von den Kleinkunden allein nicht existieren können.

Leicht war es nie, die Mühle zu erhalten. Zu den Wirren der Zeit gesellten sich von jeher die Launen der Natur. Bis zum Umbau auf den Elektroantrieb war die Mühle auf Wasser angewiesen. Schlimm war, wenn es fehlte. So wie 1893: „Furchtbar trockenes, heißes Jahr. Die Fische starben in der Mulde, weil das Wasser infolge der Trockenheit zu Jauche wurde, seit diesem Jahr hat das Vorhandensein von Fischen in der Mulde aufgehört, die Crossener Fabriken trugen auch mit dazu bei", und 1911 „wird als eines der trockensten und heißesten Jahre zu verzeichnen sein, das Grundwasser ging stark zurück".

Jahrhundertelang war die Mühle auf das Wasser angewiesen. Selbst der Name soll auf das Klatschen des Wassers auf das Mühlrad zurückgehen. Einer anderen Deutung zufolge rührt der Name von den Fuhrleuten her, die mit klatschenden Peitschen ihre Pferde antrieben, wenn sie mit ihren Fuhrwerken die Mulde durchquerten, oder die sich auch mit Klatschen bei Nebel gegenseitig bemerkbar machten. Als 1735 neben der Mühle das heute noch existierende Gasthaus errichtet wurde, erhielt dieses wie selbstverständlich den Namen „Klatschschänke".

Ja, es war schlimm, wenn das Wasser fehlte. Noch schlimmer aber war es, wenn es zuviel davon gab. Schon lange wird die Mulde nicht mehr die Milde genannt. Kein Jahrhundert verging ohne Hochwasser. Dabei hatten 1858, als die Flut wie in früheren Jahren wieder einmal durch Schlunzig ging, die Pioniere aus Dresden nicht nur Rettungsarbeiten geleistet, sondern endlich auch Dammanlagen angelegt. Sie halfen wenig. Am 15. August 1924 hatten Wildkaninchen unterhalb Mosel den Damm unterwühlt. Er brach. Schlunzig war von der Außenwelt abgeschnitten. 1932 flutet das Hochwasser an fünf Stellen über den Damm. Zwei Jahre später wurde der Damm „weiter von der Mulde weggerückt und bedeutend erhöht … ein Überfluten der Dämme bzw. eine Überschwemmung im Dorfe selbst ist dadurch beseitigt worden", heißt es in der Chronik. Gerade zwanzige Jahre dauerte es, bis Schlunzig abermals stark bedroht war. Und schließlich 2002. Wie geht man damit um? „Du musst die Nerven behalten", sagt Gerhard Tzscheutschler, und es klingt wie ein Credo. Er fährt fort: „Einen halben Meter hoch stand am 12. und 13. August das Wasser im Getreidesilo und in der Mühle. 1954 war es ebenso. Der finanzielle Schaden wurde von der öffentlichen Hand, von Bund, Land und Gemeinde sowie durch Spenden fast zu hundert Prozent ausgeglichen. Aber wir haben viel Arbeit gehabt."

Wenn es Mitte März ist, wird Gerhard Tzscheutschler wieder öfter hinüber zum Kirchdach schauen. Ob die Störche schon aus Afrika zurück sind? Dann wird es nicht mehr lange dauern und die Wiesen an der wieder von Fischen besiedelten Mulde werden saftiger; unten an der Glauchauer Hofau schmücken sich die Weiden im ersten Grün und auf den Feldern wächst eine neue Saat heran. Die Störche bringen den Frühling zurück nach Schlunzig. In jedem Jahr aufs Neue. Sie säen nicht, sie ernten nicht, sie benötigen auch das Futter des Müllers nicht. Trotzdem sieht er sie gern.

Jens Kraus

Service

Klatschmühle Schlunzig
Moseler Allee 17
08058 Zwickau
OT Schlunzig

Tel./Fax: 03 76 04/29 25

Besichtigung nach telefonischer Vereinbarung

Windmühle Syrau

Wenn der Wind schläft...

Wer aus den Gewerbegebieten Plauens mit dem Auto über die B 92 hinaufklettert in die kleine Gemeinde Syrau, der besucht zumeist die berühmte Drachenhöhle, eine der schönsten Tropfsteinhöhlen Mitteldeutschlands. Aber er sieht vielleicht auch die Holzschilder, die auf eine Windmühle verweisen. Und an der Straße nach Fröbersgrün kommt man über einen schmalen Fahrweg auf einen Hügel, der das gesuchte Bauwerk mehr verhüllt, als dass er es enthüllt: die Syrauer Windmühle.

Und obwohl wir an diesem Herbsttag durch sonnige Landschaft fuhren, hier am Berg der Windmühle zog plötzlich eine Nebelwand auf, die das Bauwerk fast unsichtbar werden ließ. So konnten wir die angekündigte schöne Rundsicht auf das vogtländische Hügelland nicht genießen. Nur der runde Turm, eingezäunt und umgeben von Büschen und Bäumen, öffnete sich uns: Wir betraten die wohl letzte Windmühle des Vogtlands, die auf eine lange Geschichte zurückblickt.

Um 1720 gab es im Vogtland noch rund 35 Windmühlen, und seit 1864 gibt es hier auf der Höhe 489 eine Mühle, die sich freilich mehrfach verwandelt hat. Ursprünglich stand an diesem Platz eine hölzerne Holländermühle mit einem Müllerhaus, die 1883 von dem Windmüller Gustav Seyfarth übernommen wurde. Wie es in einem Aufsatz heißt, verwendete Seyfarth erstmals für den Mahlgang flache französische Steine, die besonders hart und feinkörnig waren, während für den Schrotgang die hohen böhmischen Steine genutzt wurden. Doch die Existenz des Bauwerks währte nicht lang. Bald schon sollte die Mühle in Flammen aufgehen: Im Sommer 1887 schlug der Blitz ein, und das Gebäude brannte vollständig nieder. Doch Seyfarth begann noch im gleichen Jahr mit dem Wiederaufbau. Nur wurde der Turm diesmal aus Ziegelsteinen errichtet und außen weiß verputzt. Er bekam neun Meter lange „Ruten", wie die Windmüller die Flügel nannten, das ganze Getriebe wurde aus Holz gefertigt. Und wenn der Besucher heute die Mühle besichtigt, so kann er die hölzernen Gewinde und Getriebe bestaunen. Schmale Treppen führen über zwei Böden aus dem Erdgeschoss in den Dachboden, wo das Winkelgetriebe die Drehung der Ruten wie auch des Daches bewerkstelligt. Von der großen Flügelwelle wurde die Windkraft dann auf den Mühlenbaum übertragen. Und nun erlebt man in den verschiedenen Böden den Mahlvorgang. Ach ja, da haben wir doch auch die Rüttelschuhe, die das Getreide zuführten und dabei das typische Klappergeräusch erzeugten. Es klappert die Mühle am rauschenden Bach, das müsste man freilich hier verändern: Es klappert die Mühle im rauschenden Wind.

Heute aber liegt neblige Ruhe über der Höhe. Das einst strahlende Weiß des Turmes hat sich längst in eine Wind- und Wetterfarbe verwandelt. Neben der Mühle gibt es eine Schnapsproduktion, die man auf Voranmeldung besichtigen kann. Aber Schnaps hin, Schnaps her, wir wollten die Mühle sehen, die nun schon seit 1929 nicht mehr in Betrieb ist. Damals gab der letzte Windmüller, Reinhold Jahn, den Betrieb auf, denn er konnte mit den elektrischen Mühlen nicht konkurrieren. Und 1936 wurde die Mühle dann durch die Gemeinde erworben und präsentiert sich uns als ein schönes technisches Denkmal. Wir umrunden den Hügel noch einmal, aber der Nebel lichtet sich nicht, der Wind ist eingeschlafen, wie die alten Windmüller zu sagen pflegten, und wir verlassen den Drachenberg, wie man die Mühlenhöhe auch nennt. Ja, wenn man einen Drachen hat, dann lässt sich gut mit ihm spielen, oder er spielt mit uns.

Klaus Walther

◄◄ Die letzte Windmühle im Vogtland – Syrau
Foto: W. H. Schmidt

◄ In der Syrauer Windmühle. Foto: Ellen Liebner

Service

Windmühle Syrau
Fröbersgrüner Straße
08548 Syrau

Kontakt: Frau Bauer
Tel.: 03 74 31/80 90 oder -37 35

Mai bis September
Sa. + So. + Feiertag 10–16 Uhr
Juli bis August
Di.–So. 10–16 Uhr

Die Kreutzsteinmühle Blankenhain

Bei Sturm roch es oft brenzlig

Noch vor einem Jahrhundert drehten sich im Grenzgebiet von Westsachsen und Ostthüringen die Flügel von mehr als zwanzig Windmühlen. Nur eine einzige wurde in letzter Minute gerettet: Die Kreutzsteinmühle aus Großenstein (bei Ronneburg) steht heute auf dem Gelände des Agrar- und Freilichtmuseums Schloss Blankenhain. Der Verfall war schon stark fortgeschritten, als 1982 mit dem Abbau begonnen wurde. Seit 1988 ist das historische Bauwerk wieder zugänglich.

Die Kreutzsteinmühle wurde 1740 erbaut; bis 1951 war sie voll in Betrieb. Noch bis 1960 diente sie zum Schroten für den Eigenbedarf. Bis zum Schluss lief sie ausschließlich mit Windkraft, im Gegensatz zu vielen anderen Mühlen, die auf Motoren-Antrieb umgestellt worden waren.

Es handelt sich um eine Bockwindmühle. Das bedeutet, das gesamte Mühlenhaus steht auf einem Bockgestell und kann bei Bedarf in den Wind gedreht werden.

Beim Aufbau der Mühle war der damalige Museumsmitarbeiter Heinz Scheffel von Anfang an dabei. Obwohl keiner der Beteiligten beim Abbau beteiligt war, habe alles gut geklappt: „Die Balken waren nummeriert, und keiner hat uns gehetzt." Die Rettungsaktion bezeichnet er als einen „absoluten Glücksumstand"; andere Mühlen in Nachbardörfern seien zur gleichen Zeit rücksichtslos abgerissen worden.

Sämtliche großen Balken und das alte Mahlwerk der alten Mühle sind originalgetreu erhalten. Außenhaut, Dach, Zwischenböden und die Flügel wurden erneuert. Ein mecklenburgischer Mühlenbaumeister und sein Sohn unterstützten die Blankenhainer für einige Wochen.

Am Anfang ließen die Museumsmitarbeiter die Mühle auch laufen, berichtet Heinz Scheffel. Doch dabei habe das ganze Bauwerk heftig gewackelt und vibriert: „Die Besucher bekamen Angst und liefen davon, das passierte mehrfach." Einen Grund zur Besorgnis habe es in Wahrheit nicht gegeben, meint Heinz Scheffel, in Windmühlen sei es wohl immer so laut zugegangen. Trotzdem wurden die Vorführungen nach einem Jahr des Betriebs eingestellt. Seitdem sind die Bretter („Türen") aus den Flügelarmen entfernt – durch ihr Ein- und Aussetzen konnte der Müller früher die Flügelfläche und damit die Drehgeschwindigkeit verändern. Zudem gibt es eine hölzerne Bremse. Bei orkanartigem Wind konnte es allerdings geschehen, dass sie nichts mehr half und die Mühle „durchging": Trotz voll angelegter Bremse drehte sich das Flügelkreuz. Dann wurde es wegen der Reibungswärme im wahrsten

Die Mühle in Blankenhain. Fotos: Bernd Appel

Sinne des Wortes „brenzlig". Ein solches Durchgehen ist für die Kreutzsteinmühle aus einer Februarnacht des Jahres 1936 dokumentiert. Dem letzten Müller, Bruno Wunderlich, gelang es nur mit großer Mühe, seine Mühle endlich mit dem langen Hebelarm („Stert") aus dem Wind zu drehen.
Stürme beschädigten das Bauwerk 1940 und 1948 erneut schwer, doch immer wieder wurde alles repariert. Erst 1944 erhielt die Kreutzsteinmühle einen neuen Stert aus Eichenholz. Was die Stürme nicht schafften, gelang 1951 einem neuen Handwerkergesetz: Wegen der hohen Steuerlast gab Bruno Wunderlich schweren Herzens auf und ließ die Mühle aus der Handwerksrolle streichen.

1996 folgte das alte Windmüllerhaus von Großenstein der Mühle und wurde ebenfalls nach Blankenhain umgesetzt. Dort ist nun eine interessante Ausstellung über das Müllerhandwerk untergebracht.

Bernd Appel

Service

Windmühle Blankenhain
Deutsches Landwirtschaftsmuseum
Schloss Blankenhain
08451 Crimmitschau

Kontakt: Schloss Blankenhain
Tel.: 03 66 08/23 21
Fax: 03 66 08/23 32
Email: info@deutsches-landwirtschaftsmuseum.de

Die alte Bockwindmühle ist nur im Rahmen von Führungen zugänglich.

Zum Komplex des Blankenhainer Ritterguts zählt die Gaststätte „Kutscherstube", die täglich ab 11 Uhr geöffnet ist, Montag ist Ruhetag.

Direkt hinter dem Rittergut befindet das Landhotel und Restaurant „Haus des Gastes" mit acht Zimmern. Das Restaurant kann täglich 11 bis 22 Uhr besucht werden, Mittwoch ist Ruhetag.

Wenn's köstlich gewesen ist … oder: Die Schönauer Mühlenweiber

Die Niedere Schönauer Mühle ist eine Getreidemühle mit Bäckerei und wurde bis 1920 durch ein oberschlächtiges Wasserrad angetrieben. Sie steht seit 1989 unter Denkmalschutz. Alljährlich zum Mühlentag am Pfingstmontag ist sie Anziehungspunkt für Freunde der Mühlengeschichte, aber auch für Oldtimer-Fans. Berthold Grenz, der heutige Besitzer der Mühle, ist nicht nur ein leidenschaftlicher Bewahrer der Mühlenhistorie, sondern auch ein Liebhaber historischer Fahrzeuge.

Der Mahlgang aus dem Jahre 1821, bis zum Brand 1972 in Betrieb, viel historisches Mühlen- und Bäckereiinventar und die kleine Ausstellung auf dem Mühlenboden mit einem der wenigen Fotos von Friedel Kunz, der letzten Müllerin, verleihen ihr besonderes Flair. Über der Haustür befindet sich die einzige in Westsachsen noch am Originalstandort erhaltene hölzerne Sonnenuhr aus dem Jahre 1832.

Die erste urkundliche Nachricht über die Schönauer Mühle stammt vom 21. Juni 1591. Wir erfahren vom „Erbkauf Georg Emmerlings des Jüngeren umb seines Vatters des Michael Emmerlings selig hinterlassene Mahlmühle".

Nach mehrfachem Besitzerwechsel im Lauf der Jahrhunderte kauften das Anwesen schließlich 1825 ein Johann Friedrich Kunz und dessen Sohn Christian Friedrich, denen im Ort bereits die Sägemühle „Rotmühle" gehörte.

Die Käufer stammten von einer böhmischen Exilantenfamilie ab, die nach der Vertreibung aus ihrer Heimat im 16. Jahrhundert in Schönau ein Bauerngut erworben hatte. (Mehrere Dynastien westerzgebirgischer Mühlenbesitzer führen ihren Stammbaum auf diese Familie Kunz oder Kuntze zurück.) Fünf Generationen Kunz-Müller sind für die „Niedere Mühle" als Besitzer belegt: 1825–1829 Johann Friedrich Kunz und Christian Friedrich Kunz; 1829–1868 Christian Friedrich Kunz; 1868–1895 Christian Ernst Kunz; 1895–1937 Ernst Otto Kunz; danach Witwe Johanna Kunz und ihre erwachsenen Kinder Ernst, Toni, Friedel und Anna.

Da man sich allein vom Mahlen nicht ernähren konnte, wurde in der Mühle schon immer Brot zum Verkauf gebacken, zusätzlich bewirtschafteten die Müllersleute gepachtetes Feld und betrieben Viehzucht.

Als Ernst Kunz eingezogen wurde, mussten die „Mühlenweiber", wie sie im Ort genannt wurden, allein zurechtkommen. Toni war Bäckerin, Kutscherin und Verkäuferin – brachte mit dem Einspänner das von ihr gebackene „Mühlenbrot" ins benachbarte Friedrichsgrün zum Verkauf. Friedel war Müllerin und Bäuerin. Bei dieser Arbeitsteilung blieb es, als ihr Bruder aus Hitlers Krieg nicht zurückkehrte. Überhaupt kamen zu wenige Männer zurück: Friedel und Toni blieben unbemannt. Nur Anna verheiratete sich irgendwann.

Bis 1972 ein Brandunglück den Dachstuhl und den Mühlenraum zerstörte, war Friedel Kunz hier Müllerin. Das Foto im Obergeschoss zeigt eine abgearbeitete, beinah zierliche Frau, von der schwer vorstellbar bleibt, wie sie ein Leben lang Getreidesäcke geschleppt haben muss: Gebeugter Rücken, schwielige Hände, eine Müllerin, die manchmal unten in der Stube musizierte. Erzählt wird, dass sie nach dem Löschen des Feuers 1972, als das Ausmaß der Schäden sichtbar war, Klavier gespielt habe. Sie habe das gebraucht, soll sie gesagt haben.

Die Schwestern blieben wohnen, trotz des ausgebrannten Dachstuhls. Beim Wiederherrichten des Hauses halfen alle Nachbarn

Mühlenidylle in Schönau. Fotos: W. H. Schmidt

Friedrich. August.
aus
Neuschirma

mit. Bis in die 1980er-Jahre lebten die beiden Frauen hier – inzwischen hochbetagt. Auf sie trifft wohl das Bibelwort zu: „Unser Leben währet siebzig Jahre, und wenn's hoch kommt, so sind's achtzig Jahre, und wenn's köstlich gewesen ist, so ist es Mühe und Arbeit gewesen ..." (Psalm 90,10)

Für mehrere Generationen Schönauer waren sie Tante Toni und Tante Friedel. Ältere Herren bekommen Kinderaugen, wenn sie sich erinnern: Ja, die Toni und die Friedel, die Mühlenweiber, die waren immer gut. Geschimpft haben sie höchstens mal, wenn wir im Winter mit den Schlitten ihren Zaun umfuhren. Der Duft nach Brot im Hausflur zog uns magisch an: „Toni gab uns mol ne Spackfettbemme", bettelten wir, und Tante Toni schnitt uns eine Scheibe ab und kratzte etwas Fett darauf. Sie selbst lebten karg. Aber wir haben nie vergebens gebettelt.

Gelegentlich duftet das Haus auch heute nach frisch gebackenem Brot, wenn der altdeutsche Backofen wieder einmal in Betrieb genommen wird. Wenn Schulklassen der Weg „Vom Korn zum Brot" erläutert oder Mühlentag gefeiert wird. Mühlenbrot zu backen, braucht Geduld. Der Ofen muss über mehrere Tage langsam aufgeheizt werden, dann wird das Feuer herausgenommen und die Teiglinge werden hineingeschoben.

Und wer Lust hat, kann bei solchen Gelegenheiten auch alte Mühlensprüche an den Wänden entdecken, gesammelt vom heutigen Mühlenbesitzer:

„Wenn ich eine Mühle hätt'
Und ein schönes Weib im Bett
Und dürfte keine Steuern bezahlen,
Dann würd ich ohne Sorgen mahlen."

Regina Röhner

Service

Niedermühle Schönau
08121 Wiesenburg
Ortsteil Schönau

Kontakt: Berthold Grenz
Tel.: 03 76 03/5 15 78
E-Mail: sachsen@muehlen-dgm.-ev.de

Aktivitäten: *Teilnahme am Mühlentag, Veranstaltungen für Schulklassen.*

Anfahrt: *Über die B 93 – die Ferienstraße „Silberstraße" – ist die Stadt Wildenfels mit ihren Ortsteilen Härtensdorf, Wiesen, Wiesenburg und Schönau verkehrsmäßig gut zu erreichen. Der Ortsteil Schönau liegt in einem Seitental der Zwickauer Mulde entlang dem Wildenfelser Bach im Landschaftsschutzgebiet „Wildenfelser Zwischengebirge".*

Übernachtungsmöglichkeiten:
- *Gaststätte „Sächsischer Hof" Wildenfels*
- *Landgaststätte Wiesenburg*
- *Autorasthof Härtensdorf*
- *Privatzimmer in Wildenfels und Wiesenburg.*

Wander- und Ausflugsziele:
Das „Wildenfelser Zwischengebirge" bietet viele Möglichkeiten zum Wandern und Radwandern und ist ein Kleinod für Geologen und Naturfreunde.

Besondere Sehenswürdigkeiten:
- *Schloss mit Park in Wildenfels, (Parkfest, Rosenausstellung, Schlosskonzerte)*
- *Schönauer Kirche „St. Rochus" (zu sehen sind hier fünf Altarfiguren des berühmten Bildschnitzers Peter Breuer aus dem Jahre 1506)*
- *Härtensdorfer Kirche „Zu den Drei Marien" mit Peter-Breuer-Altar und mittelalterlichem Taufstein*
- *ehemaliger Kalkofen in Schönau*
- *Bergbaumuseum Reinsdorf*
- *Museen und kulturelle Einrichtungen der Stadt Zwickau*

„Meine Mühle steht noch!“ – Der letzte Müller von Schwarzenberg

Am Abend, wenn der letzte Mahlgast davongefahren und das Tor abgeschlossen war, nahm der Müller Kurt Hauke seine Tochter manchmal einfach an die Hand und zeigte ihr die Mühle. Er zeigte ihr den Brechstuhl, die Walzenstühle, die Mischmaschine und den Elektromotor, der morgens ihr Bett im darüber befindlichen Kinderzimmer vibrieren ließ. Er zeigte ihr auch den Kasten, in dem sich innen eine Rolle drehte, mit darauf befestigten Riemen. Das war die Sackklopfmaschine. Ein Höllenrachen, bereit, alles zu verschlingen, was man hinein warf. Das Kind kam ihm lieber nicht zu nahe. Nachts, wenn die Maschinen schwiegen, erwachte die Mühle dann zu einem anderen, heimlichen Leben. Da knackte und knisterte es im Gebälk und die hin und hergehenden Sieber, schwankende Gestelle, in denen tagsüber der Gries ausgesiebt wurde, warteten jetzt schweigend in der Dunkelheit. Da war der Fahrstuhl doch eine ganz andere Sache. „Im freien Fall gings abwärts, man brauchte nur am Strick zu ziehen“, sagt Tochter Carola Hansbach, „abgebremst wurde erst im letzten Moment mit der Seilbremse.“ Mancher Besucher ging dabei mit einem „Hoppla“ unfreiwillig in die Knie. Standvermögen war gefragt und für den künftigen Schwiegersohn des Müllers, ihren Ehemann, war die Fahrstuhlfahrt so etwas wie der Eintrittsempfang. Nebensächlichkeiten, gewiss, und doch Augenblicke des Glücks. Auch Kurt Haukes Kindheit und Jugend in Schlesien wird solche Momente gekannt haben. Als Jugendlicher erlernte er den Beruf

des Müllers, streng nach den „Fachlichen Vorschriften zur Regelung des Lehrlingswesens im Müllerhandwerk“, erlassen 1938 vom Deutschen Handwerks- und Gewerbekammertag. Das war für ihn ein glücklicher Umstand. Sein Beruf bewahrte den 16-Jährigen vor der Einberufung zum letzten Aufgebot der Wehrmacht. Als Lebensmittellieferant war der angehende Müller Hauke unabkömmlich. Vor dem Verlust der Heimat, vor dem Rausmüssen im Jahr 1948, bewahrte der Müllerberuf die Familie dann nicht mehr. Das Erzgebirgsdorf Pöhla wurde zum Ersatz für das verlorene Zuhause, so gut sich dieses eben ersetzen lässt. In der Herrenmühle in Schwarzenberg fand der junge Müller eine Anstellung. Alt war die Mühle am Schwarzwasser und angesehen. Ein mächtiges, fabrikähnliches Bauwerk, mit hohen Mauern und einem eigenartigen fünfeckigen Grundriss, den sich keiner recht erklären kann. Auf dicken Balken ruhen innen mehrere Böden übereinander, mit märchenhaften Verstrebungen, Winkeln und hölzernen Stiegen, die unter einem naturschiefergedeckten Walmdach enden. Den Chronisten zufolge existiert die Mühle an der Karlsbader Straße seit 1549. Mit Schloss und Kirche gehört sie zu den ältesten und historisch bemerkenswertesten Gebäuden in Schwarzenberg. Eine „Herrenmühle“ war es anfangs, also mit Haus und Hof und

Mühlgraben der Schwarzenberger Herrschaft zugehörig. Doch auch nachdem der Mahlzwang gelockert war und nach und nach verschiedene Müllerfamilien die fünfgängige Wassermühle ihr eigen nennen durften, sie umbauten und erweiterten, ging weiterhin die Rede von einem unterirdischen Gang, der von der Mühle bis zum Schloss reichen soll.

Zwölf Beschäftigte waren sie, die beim Müller Freitag das Korn annahmen, es einlagerten, die es siebten, mahlten und abfüllten, die Säcke flickten, Mahlkästen und Mahlwerk instand hielten und die das Mehl mit betriebseigenen Lastwagen ausfuhren. Auch Brot war in der Mühle zu haben: wohlschmeckende Drei-, Vier- und Sechspfünder; rund oder lang, gestrichen oder bemehlt.

Die Mühlen der Zeit stehen nicht still. Ihren Gang nimmt jeder anders wahr. Für manchen gehen sie leise, für manchen ist ihr Rumoren unerträglich. Wen es erfasst, dieses Rumoren, den treibt es um. Als sich im Osten Deutschlands langfristig ein steiniger Weg abzeichnete, mit neuen zermürbenden Unwägbarkeiten, verließ mancher die angestammte Heimat und suchte sein Glück im Westen des Landes. Kurt Hauke blieb. Er war weit genug getrieben worden, hatte schon einmal die Heimat verloren. Jetzt war er es, der den Betrieb am Laufen hielt, es musste weitergehen. 1958 wurde er Obermüller. Die Herrenmühle belieferte die Bäcker von Tellerhäuser bis Johanngeorgenstadt und auch die im gesamten Kreis Aue. 1960 zog Kurt Hauke mit Frau und Tochter in die Mühle. Zunächst als DDR-Treuhandbetrieb unterhalten, wurde sie 1970 der Landwirtschaftlichen Produktionsgenossenschaft (LPG) Bermsgrün und Grünhain übergeben. Arbeit gab es mehr als genug. „Der Müller ist ständig am Laufen gewesen", sagt Carola Hansbach, „die Mühle verfügte sogar über ein eigenes Labor, in dem die verschiedenene Mehlsorten auf ihre Güte geprüft wurden." Ja, zu tun gab es viel, auch als ab 1980 aus dem Getreide nur noch Futterschrot für den Tierbestand der LPG Langenberg gemahlen und die Pferde der LPG und die der Sektion Reitsport mit Quetschhafer versorgt wurden. „Seit nunmehr 38 Jahren bin ich mit der Herrenmühle durch meinen Beruf verbunden, und ich möchte ihn noch lange ausüben", schrieb Kurt Hauke einmal der „Freien Presse", nachdem die Tageszeitung ein Foto von der Mühle veröffentlicht hatte.

Wieder einmal begannen die Mühlen der Zeit unüberhörbar zu rumoren. Die Wende kam. Kurt Hauke durfte auch danach in der geliebten Mühle wohnen bleiben – das war nicht überall so selbstverständlich – er sah weiterhin nach dem Rechten, öffnete die Mühle auch für Besucher, nur das Korn, das wurde fortan woanders gemahlen. Derzeit steht die Herrenmühle leer – ein Denkmal der Technik und der Zeiten, das seiner künftigen Bestimmung harrt. Einmal noch, nachdem seine Frau schon gestorben war, in den Neunzigerjahren, ist Kurt Hauke zurück in die alte Heimat nach Schlesien gefahren, an die Orte seiner Kindheit und Lehrlingszeit. Meine Mühle steht noch, sagte er nach der Rückkehr zur Tochter, und es klang wie eine Beschwörung.

All das liegt nun für den Obermüller Kurt Hauke lange zurück. Er hat sich auf eine neue Reise begeben, eine, die dahin geht, wo es keine Erinnerung mehr gibt. Er weiß nichts mehr von Fachvorschriften, Walzenstühlen und Mischmaschine. Auch die Zeit in Schlesien ist ihm aus dem Gedächtnis entschwunden. Die Mediziner haben Namen, doch kaum eine Erklärung und weniger noch ein Mittel gegen dieses Leiden, bei dem die Mühle im Kopf rückwärts läuft und die Persönlichkeit nach und nach verlorengeht.

Manchmal nimmt die Tochter den Vater einfach bei der Hand und führt ihn sachte zum Sofa. Sie hat es durchgesetzt, dass er in einer altersgerechten Wohnung, statt in einem Pflegeheim untergebracht wird. Sie schaut fast täglich nach ihm, pflegt ihn, manchmal isst er sogar eine Semmel selbstständig und vormittags gibt es Beschäftigung für die alten Leute. So soll das Gefühl eines selbstbestimmten Lebens vermittelt werden. In seinem Zimmer hat sie ein Bild von der Herrenmühle angebracht. Sie zeigt es ihm manchmal und hofft, er möge doch wieder Vertrautes darin erkennen.

Jens Kraus

Foto: Jens Kraus

Service

Herrenmühle
Karlsbader Straße 30
08340 Schwarzenberg

geschlossen, nur von außen zu besichtigen

Touristinformation
Oberes Tor 5
08340 Schwarzenberg

Tel./Fax: 0 37 74 / 2 66-915
www.schwarzenberg.de

Mühlensprüche

Es klappert die Mühle am rauschenden Bach, klipp, klapp ...

Wer zuerst kommt, mahlt zuerst ...
Klappern gehört zum Handwerk ...
Langsam mahlen die Mühlen der Zeit ...
Wasser auf meine Mühlen ...

Glück zu! *(Müllergruß)*

Auszüge aus Mühlenliedern

In einem kühlen Grunde
In einem kühlen Grunde
da geht ein Mühlenrad.
Mein Liebchen ist verschwunden,
das dort gewohnet hat ...

Joseph von Eichendorff

Der Wanderer in der Sägemühle
Dort unten in der Mühle saß ich in süßer Ruh
und sah dem Räderspiele und sah den Wassern zu...

Justinus Kerner, Ludwig Uhland

Müllerlied
Das Wandern ist des Müllers Lust,
das Wandern ist des Müllers Lust
das Wandern!
Das muss ein schlechter Müller sein,
dem niemals fiel das Wandern ein,
das Wandern! ...

Wilhelm Müller

Die Mühle
Es klappert die Mühle am rauschenden Bach:
Klipp, klapp!
Bei Tag und bei Nacht ist der Müller stets wach:
Klipp, klapp!
Er mahlet uns Korn zu dem kräftigen Brot,
Und haben wir solches, so hat's keine Not
Klipp, klapp! Klipp, klapp! Klipp, klapp! ...

Ernst Anschütz

Sommermittag
Nun ist es still um Hof und Scheuer,
Und in der Mühle ruht der Stein;
Der Birnenbaum mit blanken Blättern
Steht regungslos im Sonnenschein...

Theodor Storm

Idiosynkrasie
Der Tag ist grau. Die Wolken ziehn
Es saust die alte Mühle.
Ich schlendre durch das feuchte Grün
Und denke an meine Gefühle.

Die Sache ist mir nicht genehm.
Ich ärgre mich fast darüber.
Der Müller ist gut; trotz alledem
Ist mir die Müllerin lieber.

Wilhelm Busch

Der Müllerin Nachbar

Die Mühle, die dreht ihre Flügel,
Der Wind, der sauset darin:
Ich wollt, ich wäre der Müller,
Von wegen der Müllerin.

Adelbert von Chamisso

Dort niden in jenem Holze

Dort niden in jenem holze
leit sich ein mülen stolz,
Sie malet alle morgen
das silber und rote gold.

Verfasser unbekannt

Mühle, Mühle male mir

Mühle, Mühle male mir
Die und die Sachen gleich allhier!

Mühle, Mühle stehe still,
Weil ich nichts mehr haben will!

Aus der Sage: Zaubermühle,
Warum das Meerwasser so salzig ist

Die Mühle in Grimms Märchen

... Und als ihm der Bäcker die Pfote bestrichen hatte, so lief er zum Müller und sprach: „Streu mir weißes Mehl auf meine Pfote." Der Müller dachte, der Wolf will einen betrügen, und weigerte sich, aber derWolf sprach: „Wenn du es nicht tust, so fresse ich dich." Da fürchtete sich der Müller und machte ihm die Pfote weiß. Ja, das sind die Menschen ...

(Der Wolf und die sieben Geißlein)

Es hatte ein Mann einen Esel, der schon lange Jahre die Säcke unverdrossen zur Mühle getragen hatte, dessen Kräfte aber nun zu Ende gingen, so dass er zur Arbeit immer untauglicher ward. Da dachte der Herr daran, ihn aus dem Futter zu schaffen, aber der Esel merkte, dass kein guter Wind wehte, lief fort und machte sich auf den Weg nach Bremen...

(Die Bremer Stadtmusikanten)

Der zweite Sohn war zu einem Müller gekommen und bei ihm in die Lehre gegangen.
Als er seine Jahre herum hatte, sprach der Meister: „Weil du dich so wohl gehalten hast, so schenke ich dir einen Esel von einer besonderen Art, er zieht nicht am Wagen und er trägt auch keine Säcke."
„Wozu ist er denn nütze?" fragte der junge Geselle.
„Er speit Gold", antwortete der Müller...

(Tischlein deck dich, Goldesel und Knüppel aus dem Sack)

Weil aber das Wetter so schlecht ward und Wind und Regen stürmte, konnte er nicht weiter, kehrte in der Mühle ein und bat um Herberge. Die Müllerin war allein zu Haus und sprach zu dem Bürle: „Da leg dich auf die Streu!" und gab ihm ein Käsebrot. Das Bürle aß und legte sich nieder, sein Fell neben sich, und die Frau dachte: Der ist müde und schläft. Indem kam der Pfaff, die Frau Müllerin empfing ihn wohl und sprach: „Mein Mann ist aus, da wollen wir uns traktieren." Bürle horchte auf, und wie's von Traktieren hörte, ärgerte es sich, dass es mit Käsebrot hätte vorliebnehmen müssen.

(Das Bürle)

Die Jäger waren bereit und gingen mit ihm, und sie kamen zu sieben Windmühlen, deren Flügel trieben ganz hastig herum, und ging doch links und rechts kein Wind ...

(Sechse kommen durch die ganze Welt)

Die Schreiber kamen zusammen und gaben den Rat, er sollte den Großknecht in die verwünschte Mühle schicken, um dort in der Nacht Korn zu mahlen; von da wäre noch kein Mensch morgens lebendig herausgekommen.

(Der junge Riese)

Es war einmal ein Müller, der war arm, aber er hatte eine schöne Tochter. Nun traf es sich, dass er mit dem König zu sprechen kam, und um sich ein Ansehen zu geben, sagte er zu ihm: „Ich habe eine Tochter, die kann Stroh zu Gold spinnen."

(Rumpelstilzchen)

Ein Müller hatte drei Söhne, seine Mühle, einen Esel und einen Kater. Die Söhne mussten mahlen, der Esel Getreide holen und Mehl forttragen und die Katze die Mäuse wegfangen.

(Der gestiefelte Kater)

Alle Auszüge aus: Die Kinder- und Hausmärchen der Brüder Grimm, Kinderbuchverlag, Berlin, 1996, ISBN: 3-358-00017-6, 24. Auflage

Gefunden von Jens Kraus

MÜHLEN

Im Mühlendorf Höfgen. Foto: Matthias Zwarg

LEIPZIG & NORDSACHSEN

Bergschiffmühle Bad Düben

Hausboot auf dem Trockenen

Das Wasser ist ihr schon vor längerer Zeit abhanden gekommen, der Bergschiffmühle in Bad Düben. Aber seit dem Abschluss der Sanierung im Jahre 2003 zeigt sie sich in neuer Schönheit an Land – neue Schönheit, die gleichwohl nicht auf die Qualitäten des Alters verzichtet.

Alt ist sie, die Mühle. Man geht davon aus, dass die Mühle bereits vor dem Dreißigjährigen Krieg existierte. Ihren Namen bekam sie, weil sie eine Schiffmühle ist, das Mühlrad Bestandteil eines Hausbootes auf der Mulde war, und weil sie zu einem Alaunbergwerk gehörte, das seit 1560 bei Bad Düben arbeitete, also eigentlich eine Bergwerksschiffmühle war.

Folgt man den Chronisten, dann hat die Mühle im Laufe der Jahrhunderte öfter schwere Zeiten durchgemacht. Im Jahre 1748 wird sie als „jetzo ganz neu erbaut und verpachtet“ erwähnt. Knapp vierzig Jahre später, 1785, werden Müller-Wohnhaus und Schiffmühle für 1000 Taler (damals eine enorme Summe) wieder neu aufgebaut. Im selben Jahr verursacht ein Hochwasser einigen Schaden an der Mühle.

1905 brennt das Wohnhaus des Müllers ab. Das Mahlwerk, bis dahin meist im Hausschiff untergebracht, wird in das neue Mühlen- und Wohngebäude verlegt. Das

Die Schiffmühle wurde an der Burg wieder aufgebaut.
Foto: Jens Kraus

Getriebe im Schiff erzeugt mittels Generator Strom, der zum Antrieb des Mahlwerks genutzt wird. Doch die Mahlleistung sinkt, weil ein Drittel der Energie unterwegs „verloren geht". Einfallsreich hilft man sich 1923. In unmittelbarerer Nähe der Schiffmühle wird ein Mühlgebäude errichtet, die Kraft vom Hausschiff mittels Riemen und zehn Meter langer Transmissionswelle übertragen. Das funktioniert halbwegs rentabel bis 1954.

Dann, im Juli 1954, kommt das nächste große Mulden-Hochwasser. Die Lagerblöcke der Transmissionswelle werden unterspült, die Welle selbst wird vollständig verbogen. Nach der Reparatur arbeitet die Mühle hauptsächlich als Schrotmühle.

Doch dann ging der Zeit dieser Mühle – die Bad Dübener Schiffmühle war die letzte produzierende Schiffmühle auf deutschen Flüssen – als Produktionsmittel zu Ende. Von 1964 bis 1967 dauerten Bergung und Wiederaufbau der Mühle im ehemaligen Wallgraben der Burg, doch am 6. Oktober drehten sich Getriebe und Schaufelrad wieder zur Demonstration für Besucher.

Dreißig Jahre später wird wieder eine gründliche Sanierung fällig, die dank vieler engagierter Mitstreiter 2003 abgeschlossen werden kann. Die Schiffmühle wird – mit Blickkontakt zur Mulde – an der Burg nach dem Zustand von 1905 wieder hergestellt, als die Mühle ein schwimmendes Kraftwerk war. Und nun ist sie, was sie immer war: ein wichtiges Stück Technik- und Wirtschaftsgeschichte der Dübener Landschaft, ein Blickfang auf dem Weg ins Museum im Dübener Schloss, ein Stück für die Zukunft bewahrte Vergangenheit.

Matthias Zwarg

Service

Bergschiffmühle Bad Düben im ehemaligen Wallgraben der Burg Bad Düben

Landschaftsmuseum der Dübener Heide
Burg Düben
Neuhofstraße 3
04849 Bad Düben
Tel.: 03 42 43/2 36 91
Fax: 03 42 43/2 36 12
E-Mail: Landschaftsmuseum.Bad.Dueben@t-online.de

Öffnungszeiten des Museums:
Di. bis Do. 9.30–16 Uhr
Fr. 9.30–12 Uhr
*Sa. 13–17 Uhr**
*So. 10–17 Uhr**
*(*November bis Februar bis 16 Uhr)*

Führungen durch die Mühle unter anderem zum Deutschen Mühlentag (Pfingstmontag)

Stadtmühle Bad Düben

Eine kulinarische Rarität

Beim Bäcker Becker in Bad Düben gibt es Brot, gebacken aus Natursauerteig und Mehl aus der Stadtmühle Bad Düben. Eine kulinarische Rarität. Und irgendwie auch ein Unikum, denn das Mehl ist fast handverlesen. Die Stadtmühle Bad Düben ist eine der wenigen in der Region, in der tatsächlich noch Getreide, in diesem speziellen Fall ausschließlich Roggen, zu Mehl gemahlen wird. 200 Tonnen Roggen pro Jahr werden zu 250 Tonnen Mehl und daraus werden (nimmt man die Formel 1 Kilo Mehl = 1.3 Brote) 324.997 Brote. Neun Bäcker in der Umgebung beliefert der 69-jährige Müllermeister Peter Schüßler heute noch. Eine kleine, aber feine Leistung, die er zudem überaus gern erbringt.

Mehl aus der Mühle Bad Düben zu beziehen, hat eine lange Tradition. Sicher wurde aus der einst kurfürstlich sächsischen Mühle am Schwarzbach schon Michael Kohlhaas und der gesamte Justizapparat beim Gerichtstag 1533 auf der Burg Düben versorgt. Auch Gustav Adolf II. von Schweden wird hier Mengen von Broten mit seinen Mannen verzehrt haben, als er 1631 auf der Burg Quartier machte. Für Napoleon dürfte das Dübener Brot allerdings eine Henkersmahlzeit gewesen sein. Er lagerte 1813 hier, bevor er zur Völkerschlacht nach Leipzig aufbrach, in der seine Allianz bekanntlich vernichtend geschlagen wurde. Dann mahlte die Mühle Jahrhunderte lang so vor sich hin. Nennenswertes berichten die Geschichtsbücher nicht.

Doch Schüßler ahnt, dass auch seine Vorgänger in den vergangenen Jahrhunderten nicht zu den beliebtestes Mitbürgern gezählt haben, denn der Müller war bei der übrigen Bevölkerung nie sonderlich beliebt. Schließlich behielten sie von den Bauern 10 bis 15 Pfund des Mehls als Mahllohn ein. Gehungert wurde beim Müller nie. Und da die Mühlen stets ein Stück außerhalb lagen, rankten sich mancherlei Geheimnisse um den einsamen Ort und seine Bewohner. Drastisch geht es da bei „Max und Moritz“ zu, die ja vom Müller „verarbeitet“ wurden. Das war allerdings nicht in Bad Düben oder anderswo, sondern nur in der Phantasie des Brachialerziehers Wilhelm Busch.

Die konkret nachvollziehbare Geschichte der Dübener Stadtmühle beginnt 1886. Da übernimmt Müllermeister Arthur Felgner,

Schüßlers Großvater, die Mühle. Knapp zehn Jahre später wird das zwar romantische, aber anfällige Wasserrad durch eine Turbine ersetzt. So kann kontinuierlicher produziert werden, und Niedrigwasser zwingt den Müller nicht mehr zu Zwangspausen. 1947, als Mehl und Brot zum Wichtigsten für jedermann wurden, baute Felgner zwei zusätzliche Turbinen ein. Er war selbst nicht mehr der Jüngste, doch die Mühle musste laufen, und der Sohn war im Krieg gefallen. Da war Irmgard, die Tochter, eine couragierte Frau. Sie war Witwe, ihr Mann, Wirker-Meister, war ebenfalls im Krieg geblieben. Also wurde Irmgard 1948 Müllermeisterin, eine der ersten in Sachsen. Und Peter, der Sohn, schon immer dabei – sein Weg war vorgezeichnet. Obwohl er sagt, dass ihn eigentlich Technik und Autos seinerzeit mehr faszinierten. Doch die Ausbildung machte Spaß und hatte schließlich auch mit Technik zu tun. 1954 geschah dann das Unfassbare, seine Mutter geriet in den Transmissionsriemen. Sie hatte keine Chance. Peter war 18 und gerade Volontär in der Mühle Waltersee bei Dessau. Im Dezember 1954 übernahm er die Mühle, 1956 – mit 20 Jahren – machte er seinen Meister. Die Landwirtschaft, die die Familie betrieb, ging in der LPG auf, die Mühle aber blieb privat. Und, so erzählt Schüßler, es gab immer gut zu tun. Zwar produzierten die großen Industriemühlen im Akkord, doch die Kleinen ließ man auch mahlen. „Ich hatte nie Schwierigkeiten", erzählt er, „aber das lag wahrscheinlich auch daran, dass wir eine reine Roggenmühle sind. Der Roggen ist zäh und seine Vermahlung entsprechend energieintensiv." Der Weizen ging komplett in die Kombinatsmühlen. Er bekam sogar irgendwann einen LKW zum Mehlausfahren, doch da die Transportmittel rar waren, verpflichtete er sich, auch Bier und Quark zu fahren. Man

In der Stadtmühle Bad Düben. Fotos: Thomas Hübner

war halt schon immer flexibel. 1989 modernisierte Schüßler die Mühle, 1990 hatte er nichts mehr zu tun. Die Bäcker gingen entweder ein oder ließen sich aus dem Westen beliefern. Aber so ein Müller ist zäh, wie Roggen. Nach einem halben Jahr hatte er seinen Kundenstamm zurück. Das liege an der Qualität, denn man könne ein Mehl auch tot mahlen – dann fehlten die Enzyme und damit die Klebemasse beim Backen.

Schüßler ist Müller mit Leib und Seele. Auch sein Sohn hat diesen Beruf gelernt, hat aber einen Handel mit Autozubehörteilen. So spiegeln sich die Interessen. Ob jemals die Mühle wieder ihren Mann ernähren kann? Schüßler argumentiert mit Leidenschaft und Liebe zum Handwerk, und er hat sechs Enkel.

Eine Episode muss aber noch erzählt werden, die gewiss in die Mühlen-Annalen eingehen wird. 2002, das Hochwasser, das in seiner Dramatik unübertroffen war. Innerhalb weniger Stunden mauerten sich Schüßlers mit Gasbetonsteinen und Gips ein. Exakt auf den Hochwasserstand von 1964. Nein, höher würde das Wasser nicht steigen. Doch das Wasser stieg noch 40 Zentimeter höher. Die Pumpen liefen und liefen – zwar drangen kein Schlamm und auch kein Öl in die Mühle, aber Schaden war nicht zu vermeiden.

Martina Krüger

Service

Stadtmühle Bad Düben
Am Lauch 1
04849 Bad Düben

Kontakt: Müllermeister Peter Schüßler
Tel.: 03 42 43/2 17 04
E-Mail: info@muehlen-nordsachsen.de

Besichtigungen nach Voranmeldung möglich

Schanzenmühle Tautendorf

Gepflegte Technik mehr als ein Jahrhundert lang

Nur mit geschultem Blick ist sie von außen zu erkennen. Wer in dem Örtchen Tautendorf bei Leisnig nach einer imposanten Mühle sucht, wird zunächst enttäuscht sein. Die Schanzenmühle von Müllermeister Armin Arnold liegt versteckt direkt in seinem Wohnhaus. Nur ein Schild an der Eingangstür weist Ortsunkundige darauf hin, dass es hier eine technische Rarität zu sehen gibt. Durch die Fenster sind die alten Maschinen aus der Zeit des Ersten Weltkrieges zu erkennen. Von der Wassermühle, die erstmals im Jahr 1556 urkundlich erwähnt wurde, ist zumindest auf den ersten Blick kaum etwas übrig geblieben. Das Wasserrad ist längst verschwunden, der Wasserarm des Schanzenbachs, aus dem die Mühle einst ihre Kraft schöpfte, ausgetrocknet.

Dennoch hat Arnolds Mühle, die, wie früher üblich, nach dem Erstbesitzer Schanze benannt wurde, einiges zu bieten: Im Inneren angekommen, kann ein Mühlen-Fan ins Schwärmen geraten. Die alte Technik ist nahezu vollständig erhalten geblieben – und funktionstüchtig, wie Arnold versichert. Oft kommen Besucher zu ihm und wollen die Schanzenmühle sehen, die als ein-

Die Hofansicht der Mühle. Fotos: Klaus Ebert

zige von einst sieben Wassermühlen in der Gegend noch steht. „Im Jahr 1889 ist sie in den Besitz meiner Familie gekommen", berichtet der gelernte Müller. Sein Urgroßvater kaufte die Mühle und nutzte sie zweckentfremdet als Stuhlbau-Werkstatt. Die immer stärker werdende Konkurrenz im Tal zwang Arnolds Vorfahren allerdings bald, sein Handwerk wieder aufzugeben und Mehl für die Bauern und Bäcker der Region zu mahlen. „So wurde mein Großvater vom Stuhlbauer zum Müller", erzählt Arnold. Er selbst übernahm die Mühle 1988 von seinem Vater, konnte aber nie davon leben. Stattdessen arbeitete Arnold als Schlosser und schrotete im Nebenerwerb Futter für das Vieh der Bauern. Mehl wird in der Schanzenmühle bereits seit 1965 nicht mehr gemahlen.

Wie die Müller der Windmühlen auf den Wind waren die Betreiber der Schanzenmühle früher auf die Kraft des Wassers angewiesen. Doch das wurde den wachsenden Anforderungen an das Müllerhandwerk irgendwann nicht mehr gerecht. Deshalb schafften sich Arnolds Vorfahren 1916 einen Turbinenantrieb an, der die Mehlproduktion beträchtlich steigerte. Im Jahr 1934 schließlich kaufte sich Arnolds Vater einen riesigen Dieselmotor, der bis zum Kriegsende seinen Dienst tat und noch heute funktioniert. „Dann konnte man nicht mehr von einer Wassermühle sprechen. Es ist gerade noch so, dass sie am Bach steht", sagt Arnold und zeigt Interessierten auch gern die Stelle, an der sich einst das Wasserrad drehte. Dabei erzählt er manchmal auch die Geschichte von dem Hochwasser im Jahr 2002, das die Mühle beinahe überschwemmt hätte. „Das Wasser stand einen Zentimeter unter der Türschwelle. Wir hatten Glück", erinnert sich der betagte Müller, der die Mühle gern an einen seiner Söhne vererben würde. Doch die haben – zumindest momentan – kein Interesse daran.

Für Arnold ist die Mühle Hobby und Leidenschaft zugleich. Liebevoll pflegt er dieses technische Meisterwerk gemeinsam

mit seiner Frau. Sie hat die drei Etagen mit bäuerlichen Accessoires wie Getreidegarben oder Strohblumen-Arrangements geschmückt. Zwar haben die Arnolds keine lebendigen tierischen Mühlenbewohner. Dafür begrüßt eine kleine Maus aus Ton die Besucher am Eingang. Eine Etage höher beobachtet ein großer Uhu, der mit einer Kettensäge aus einem Stück Holz geschnitzt wurde, das Geschehen in der Mühle. Überhaupt haben die Arnolds ein Händchen für Details. Interessant für Besucher dürfte auch das uralte Stehpult sein, an dem die Müller früher die Buchführung erledigten. Darauf liegt ein altes Lohnmahlbuch aus dem Jahr 1941. Zur Überraschung Arnolds findet sich darin sogar noch eine so genannte Reichsmahlkarte aus Kriegszeiten, in denen Lebensmittel wie Mehl zugeteilt wurden.

In einem anderen Raum der Mühle erfüllt sich Arnold seine zweite Leidenschaft: Mit geschickter Hand fertigt er in mühevoller Handarbeit große Pyramiden und Schwibbögen für sich und auch für Bekannte. Stolz führt er sein Meisterstück vor – eine von ihm detailgetreu nachgebaute Miniatur-Bockwindmühle mit kleinen Maschinen, Zahnrädern und Mehlsäckchen, die sich dank eines Elektroantriebes alle bewegen und seine Besucher jedes Mal in ungläubiges Staunen versetzen. Für die Zukunft hat sich der geschickte Bastler vorgenommen, seine eigene Mühle in einer Miniaturausgabe nachzubauen.

Susann Huster

◄◄ Armin Arnold am Mahlgang
▲ Vorderansicht der Schanzenmühle
◄ Die beiden Walzenstühle

Service

Schanzenmühle Tautendorf
04703 Leisnig,
OT Tautendorf

Kontakt: Armin Arnold
Tel.: 03 43 21/1 22 05

Ungewöhnlicher Umzug in eine windarme Gegend

Windmühlen sind nicht zu übersehen. Sie thronen meistens auf freien Feldern. Aus Wind-Gründen eben. Nicht so die Bockwindmühle Reibitz in der Gemeinde Löbnitz unweit Delitzsch. Auf der einen Seite ist die Holzkonstruktion von einem üppigen Wald begrenzt. Es scheint, als verstecke sie sich vor neugierigen Blicken. Eine Mühle am falschen Fleck gewissermaßen.

„In der Tat steht die Mühle windmäßig hier nicht optimal", sagt Peter Link, „ein Müller musste hier aber auch nie Korn mahlen." Link ist Mitarbeiter des Schullandheimes des Landkreises Delitzsch, zu dem die Bockwindmühle gehört. Eine fast schon abenteuerliche Geschichte habe das Bauwerk, erzählt er. „Es stand fast 150 Jahre lang in Werbelin", so Link, „einem der ältesten Dörfer der Gegend."

Doch das Dorf existiert nicht mehr. Die Mühle ist das einzige „Gebäude" aus dem kleinen Ort unweit Delitzsch, das den Braunkohlenabbau überlebte. Obgleich der Tagebau nach der Wende gestoppt wurde, war Werbelin offenbar nicht mehr zu retten. Es stand zu nahe an der riesigen Kohlengrube und befand sich damit in Abrutschgefahr. Die letzten Einwohner verließen den Ort Anfang der Neunzigerjahre. Die Gebäude wurden abgerissen.

Nur die Bockwindmühle hatte Glück. Das technische Denkmal war von der letzten Besitzerin an das Braunkohlenunternehmen Mibrag verkauft worden. Die Firma wiederum gab sie für eine D-Mark an den Land-

kreis ab, der sie für das Schullandheim und dessen Bildungsarbeit haben wollte.

„Das Abbauen der Mühle war kein Problem", so Link. Das Wiederaufbauen hingegen sei eine echte Herausforderung gewesen. „So eine alte Holzkonstruktion auseinander zu nehmen ist leicht, aber das Zusammensetzen ist fast ein Ding der Unmöglichkeit", berichtet er. Etliche Teile waren nicht mehr verwendbar. Altes Holz musste durch neues ergänzt werden. Eine Spezialbaufirma nahm sich der komplizierten Aufgabe an.

Beim Innenleben der Mühle entschieden sich die Verantwortlichen, nicht den technischen Stand von Mitte des 19. Jahrhunderts nachzubauen, sondern mittelalterliche Technik zu integrieren. So können die Kinder am besten den Weg des Korns durch die Mühle nachvollziehen. Link: „Es handelt sich quasi um eine Max-und-Moritz-Mühle." Eine funktionstüchtige obendrein. „Wenn der Wind günstig steht, vom nahen Feld also aus Richtung Osten zum Waldrand bläst, lassen wir ab und zu die Flügel drehen", berichtet Peter Link.

Samira Sachse

◂ Die Windmühle ist drehbar auf einen Bock gelagert und konnte in den Wind gedreht werden. Wichtiges Hilfsmittel ist dabei die Wetterfahne auf dem Dach.

Service

Werbeliner Bockwindmühle Reibitz
Badrinaer Landstraße
Schullandheim
04509 Reibnitz

Kontakt: Peter Link
Tel.: 03 42 08/7 21 91
E-Mail: info@muehlen-nordsachsen.de

Führungen finden auf Anfrage sowie anlässlich des Deutschen Mühlentages statt.

Die ehemals sehr verfallene Mühle wurde wieder neu aufgebaut. Dabei wurden wesentliche Teile völlig erneuert und funktionstüchtig hergerichtet. Schülergruppen nutzen gern das Angebot für Unterrichtszwecke und haben zum Beispiel ihren Spaß dabei, die Mühle am sogenannten Sterz in den Wind zu drehen.

Im Inneren kann der Besucher eine liebevoll gestaltete Ausstellung alter Mühlentechnik bewundern.
Fotos: Andreas Judefeind

Wassermühle Dölitz

Häuserwanderung zum Dölitzer Mühlenhof

Eine kleine Ziegenherde meckert fröhlich im Grünen. Uralte Bäume knarren im Wind. Vögel zwitschern, der Fluss plätschert. Ländliche Idylle pur rund um die Dölitzer Wassermühle im Süden Leipzigs. Nur das nahe Straßenbahngeratter und die Pkw-Geräusche, die ab und an ins Ohr rauschen, passen nicht so recht ins Bild.

Der Mühlenhof inmitten der Großstadt scheint auf dem ersten Blick so unwirklich wie eine Straßenbahn, die durch den Wald saust. Vielleicht war es aber ja gerade diese räumliche Situation, die die ersten Aktivisten des Grün-Alternativen Zentrum e.V. Leipzig – der Verein wurde 1990 gegründet – anlockte und faszinierte.

Damals war die Vierseitenanlage samt Mühlenhauptgebäude schwer verfallen und mit Schrott und Abfall regelrecht zugemüllt. Nach dem Tod des letzten Müllers 1974 hatte der Zahn der Zeit ungehindert an dem Komplex, dessen Geschichte bis ins Jahr 1540 zurückreicht, nagen können. Der Wiederaufbau als beispielhaftes Umweltprojekt

erschien nach der Wende als Mammutvorhaben und wurde dennoch angepackt und Schritt für Schritt umgesetzt. Öffentliche Förderungen vor allem in den Neunzigerjahren sowie diverse Spenden halfen den Idealisten, den geschichtsträchtigen Komplex zu retten. Viele Freiwillige packten mit an. Heute ist der Vierseitenhof komplett.

Fünf Familien, allesamt Vereinsmitglieder, fanden in dem Komplex ein neues Zuhause. Nur die altehrwürdige Wassermühle, in der Jahrhunderte lang Getreide und Gewürze gemahlen wurden, harrt nach der Dachinstandsetzung noch der vollständigen Rekonstruktion. „Aber auch das wird uns gelingen", sagt Sybille Schwarzenberg. Die Projektleiterin berichtet von den bereits sanierten Fundamenten und Stützpfeilern der Wasserkraftanlage, von einer neuen Radkammer für das unterschlächtige Wasserrad. „Der Mühlenmahlgang über drei Etagen als Kernstück des kleinen technischen Museums kommt mittelfristig noch hinzu", ist Schwarzenberg sicher. Bis dahin können die Gäste auf Voranmeldung oder auch zu bestimmten Festlichkeiten wie dem Deutschen Mühlentag und dem Tag des offenen Denkmals die Arbeitsstätte dutzender Generationen Dölitzer Wassermüller besichtigen. Sie können erkunden, was ein „Tischausleser" ist oder ein „Fliehkraftschäler", können das Flüsschen Mühlpleiße inspizieren, sich die Mühlengänge erklären lassen oder auch an der Fassade lesen, dass der Bau im Zusammenhang mit der Völkerschlacht bei Leipzig „durch Granaten in Brand gesteckt am 16. Oktober 1813, wiederaufgebaut im Jahr 1814" wurde. Zu besonderen Anlässen dampft zudem ein Lehmbackofen.

Doch das ist längst nicht alles. Mindestens ebenso so interessant: Drei der Gebäude, die den großen Mühleninnenhof umschließen, haben eine spektakuläre Wanderschaft hinter sich. Da das ursprüngliche Geviert in weiten Teilen nicht mehr zu retten war, suchten und fanden die Vereinsleute in der näheren Umgebung die passenden Häuser. Das größte ist eine riesige Scheune aus dem kleinen Ort Breunsdorf unweit Borna. Die Kommune musste dem Braunkohlenabbau weichen. Für die Fachwerkscheune war es fast schon fünf nach zwölf, als das Umzugsprojekt 1996 starteten konnte. Hunderte Holzbalken mussten abgebaut, markiert, saniert und in Leipzig-Dölitz wieder neu verbunden werden. Im Erdgeschoss entstanden Tagungsräume, darüber gemütliche Wohnungen. „Der Erfolg mit der Breunsdorfer Scheune hat uns Mut gemacht", erzählt Frau Schwarzenberg, „Mut und Lust auf das nächste alte Haus." Das wurde in der Nähe von Espenhain gefunden, in Dalitzsch. Und das dritte Gemäuer – hier stockt derzeit der Wiederaufbau aus finanziellen Gründen – stammt aus der unmittelbaren Nähe im Leipziger Süden.

Samira Sachse

Fotos: Thomas Hübner

Service

Dölitzer Wassermühle

Kontakt: Frau Heumos, Herr Reschke
Grün-Alternatives Zentrum e.V.
Vollhardtstraße 16
04279 Leipzig-Dölitz
Tel.: 03 41/3 38 93 52.
E-Mail: GAZ-Leipzig@t-online.de

Anfahrt: *Leipziger Süden, vom Zentrum mit der Straßenbahn Linie 11 in Richtung Markkleeberg-Ost bis Haltestelle Friederikenstraße oder mit dem PKW über die B2/B95 Abfahrt Markkleeberg-Ost*

Wasser- und Schiffsmühle Höfgen

Inspiration aus der Vergangenheit für die Zukunft

Die Schiffsmühle auf der Mulde in Höfgen. Fotos: Jens Kraus

Wenn sie sich ein bisschen anstrengen, können sie sich sehen, die Wassermühle und die Schiffsmühle in Höfgen. Und wenn sie möchten, dann unterhalten sie sich ein wenig, so wie das alte Leute eben oft tun. Und worüber reden sie: Natürlich über damals. Wie das alte Leute eben so tun.

Und alt sind sie, alle beide. „Mir gebührt der Vortritt", meint die Wassermühle, „schließlich bin ich die ältere von uns." Die Wassermühle wurde 1721 erstmals erwähnt und war bis 1954 als Getreidemühle in Betrieb. Eine Schiffsmühle gab es in Höfgen seit 1844. „Allerdings nur 30 Jahre lang", ärgert sich die Mühle ein wenig, denn nach einem Brand wurde sie an Land wieder errichtet, in einem Gebäude, das heute eine Gaststätte beherbergt und damit nicht unwesentlich zum Charme des Muldendörfchens Höfgen beiträgt. Das wird überragt von einer Wehrkirche auf einem Porphyrfelsen, während im

Ortskern sieben Gehöfte Geschichte lebendig werden lassen. Und die beiden Mühlen eben.

Die heutige Schiffsmühle auf der Mulde ist ein Bau nach historischem Vorbild, den man besichtigen kann. Experten und Interessenten hatten die alte Mühlentechnologie aufgegriffen und zu einem modernen agrartechnischen Bewässerungssystem umgenutzt. Es versorgt seit 1992 die historischen Wasseranlagen im nahen Jutta-Park und ist die einzige arbeitende Schiffsmühle in Deutschland.

„Es hält jung, dass man noch gebraucht wird“, freut sich die Schiffsmühle, aber die Wassermühle muss nicht neidisch sein. Auch sie wird gebraucht und genutzt, wenn auch als Museum und Gaststätte. Das Museum wirkt, als wäre die Müllerfamilie nur mal eben kurz ausgegangen. Neben den funktionsfähigen technischen Mühlenanlagen werden mehrere Räume genutzt, um einen Eindruck von den Lebensverhältnisse um 1800 zu vermitteln. Karge Wohnungseinrichtung, die vom Können der Handwerker zeugen, Geschirr und Ausstattung, gerade so viel man braucht, um zu leben. Mal war noch nicht die Zeit zum Bettenmachen, weil die Arbeit rief, auf dem Küchentisch steht ein Blumenstrauß, auf der Leine hängt Wäsche. Zwei geschnitzte, 300 Jahre alte Figuren aus der nahen Großbardauer Mühle, Zeichnungen anderer Mühlen, an manchen Wänden hängen Fotos aus der Gegenwart, von einer der vielen Kunst- und Kulturaktionen in Höfgen.

So wachsen Vergangenheit und Gegenwart zusammen, inspiriert das Gestern das Heute. Draußen das oberschlächtige Mühlrad, hinter dem Haus wachsen Kräuter im Garten, einen Stall gibt es und einen Vorratskeller, einen Backofen – Mühlenalltag. So war das damals. Und etwas davon ist geblieben bis heute – um so bewundernswerter, als das Hochwasser 2002 der Mühle schwer zusetzte. „Wir haben ganz schön was mitgemacht", seufzt die Wassermühle. „Ja, das haben wir", stimmt die Schiffsmühle zu, „aber es hat sich doch irgendwie gelohnt. Oder?"

Matthias Zwarg

Service

Museum und Gasthaus
„Zur Wassermühle"
Dorfstraße 10
04668 Grimma, OT Höfgen

Tel.: 034 37/91 71 53
Fax: 034 37/91 17 55

Museum:
Tel.: 034 37/70 75 72
www.wassermuehle-hoefgen.de

Schiffsmühle Höfgen

Öffnungszeiten von April–Oktober:
Di.–So. 10–13 Uhr
14–17 Uhr
sowie nach Vereinbarung

Informationen:
Denkmalschmiede Höfgen
Tel.: 034 37/0 98 77-0

Angebote:
Besichtigungen und Fachführungen
Pauschalangebote für Bildungsträger und Reisegruppen

Die Wassermühle in Höfgen gibt liebevolle Einblicke ins Müllerleben. Fotos: Matthias Zwarg

Geheimnisvolle Geschichte

Das „Müllern" liegt Andreas Klose im Blut. Dabei ist er gar kein gelernter Müller. Dennoch kennt er die Bockwindmühle in Ballendorf bei Bad Lausick wie seine Westentasche. Schon als Kind hat er hier Schrot als Futter für die Tiere der Gegend gemahlen und damals wie heute gleich nebenan im schmucken weißen Häuschen gewohnt. Das Fachwissen über das Müllerhandwerk wurde Klose in die Wiege gelegt: Vater und Großvater brachten ihm alles bei, was ein Müller wissen muss. Anwenden kann er es heute nur noch selten, denn die Mühle mit dem schwarzen, hölzernen Rumpf und dem roten Dach steht seit Jahren still. Von Verfall ist dennoch nichts zu spüren. Der historische Bau, den Klose 1973 von seinem Großvater übernommen hat, ist zu seinem Lieblingshobby geworden. Tagsüber arbeitet der ausgebildete Maschinen- und Anlagenmonteur auf einer Baustelle, abends und am Wochenende schaut er nach seiner Mühle. Zu tun gibt es immer etwas – sei es das regelmäßige Staubwischen, das Austauschen verschlissener Teile oder einfach nur der Rundgang, um sich zu überzeugen, dass alles in Ordnung ist. Das Dach und die Außenverkleidung hat Klose im Laufe der Jahre bereits in Eigenregie und ohne Fördermittel erneuert. Demnächst seien die Flügel dran, berichtet er. „Ich habe sie schließlich geerbt, und sie muss weitergeführt werden", sagt der traditionsbewusste Mühlenbesitzer.

Die Geschichte dieses imposanten Baus, der inmitten saftiger Wiesen und grasender Kühe steht, ist selbst für Klose weitgehend ein Geheimnis. „Nach vorsichtigen Recherchen wurde sie 1684 gebaut", berichtet er.

Die Bockwindmühle der Familie Klose im Bad Lausicker Ortsteil Ballendorf besitzt noch eine vollständige und funktionstüchtige Mühleneinrichtung. Bis 1953 wurde hier noch mittels Windkraft Mehl gemahlen.

Imponierende Technik. Fotos: Andreas Judefeind

Funktionsweise seiner Mühle zu erklären. Mehr als 80 Jahre alte hölzerne Schippen, Zirkel, Hämmer und andere Werkzeuge hängen an einem Balken am Eingang. Sie erinnern an die Zeit, als in der Mühle noch täglich Mehl gemahlen wurde. Auch wenn die schon lange zurückliegt, hat das Interesse der Familie Klose an ihrem historischen Schmuckstück nicht nachgelassen. Das Schicksal der Mühle ist jedenfalls längst geklärt: Kloses Sohn will sie übernehmen und die alte Tradition fortführen.

Susann Huster

Der Antrieb des Mahlganges am großen Kammrad.

Schriftliche Aufzeichnungen darüber sind bisher nicht bekannt. Der Ortschroniker bemühe sich jedoch gerade, die wichtigsten geschichtlichen Daten des Ballendorfer Wahrzeichens herauszufinden. „Belegt ist aber, dass sie 1834 bei einem Gewitter umgestürzt ist und ein Jahr später wieder aufgebaut wurde“, erzählt Klose. Noch einige Jahre nach dem Krieg wurde die Bockwindmühle, deren Ständer heute hinter einer Holzverkleidung versteckt ist, ausschließlich mit Wind betrieben. In den Sechzigerjahren schließlich bekam sie einen Elektroantrieb, der dem Müller mehr Unabhängigkeit vom Wind bescherte. Zu diesem Zeitpunkt aber wurde in der Ballendorfer Mühle aus hygienischen Gründen schon gar kein Mehl mehr, sondern nur noch Schrot gemahlen.

Obwohl das hölzerne Kulturdenkmal seine aktiven Zeiten schon lange hinter sich hat und die Maschinen teilweise aus der Zeit um 1900 stammen, ist sich Klose sicher, dass sie noch heute funktionieren würden. „Die Mühle könnte elektrisch betrieben werden. Aber der Aufwand, sie in Gang zu bekommen, wäre zu groß und dann schon kein Hobby mehr“, sagt er. Also begnügt er sich damit, seinen Besuchern das stille, aber nicht uninteressante Innenleben der Mühle zu zeigen. Sie werden schon am Eingang zu Kloses Grundstück mit einem Schild, das er einst von seiner Schwester zu Weihnachten bekam, begrüßt. Darauf steht: „Windmühle Ballendorf – Zurück in die Vergangenheit“.

Hinter dem Zaun steht eine Miniaturmühle, die sein Vater gebaut hat. Der übrigens hatte – wen wundert's – eine eigene Holländermühle im Nachbarort. Von Kloses Onkel, einem gelernten Müller, stammt die kleine Windmühle aus Streichhölzern, die heute in der Ballendorfer Mühle zu sehen ist. Mit so viel familiärem Fachwissen ausgestattet, fällt es Klose leicht, Besuchern die

Service

Ballendorfer Bockwindmühle
An der Windmühle 1
04651 Bad Lausick, OT Ballendorf

Kontakt: Andreas Klose
Tel.: 03 43 45/2 25 72

Die Paltrockmühle Audenhain

Tierischer Besuch

Fast jeden Abend bekommt Müllermeister Reinhard Ebbecke aus Audenhain tierischen Besuch. Dicht vor seinem Schlafzimmerfenster kreisen zwei Turmfalken. Die beiden wohnen seit Jahren nur wenige Meter entfernt von seinem Haus unterm Dach von Ebbeckes Paltrockmühle und scheinen sich dort sehr heimisch zu fühlen. Ebenso geht es dem Meister selbst, der gern in seiner alten Mühle werkelt und sie regelmäßig Besuchern zeigt. Trotz ihres Alters – die Mühle wurde 1751 als Bockwindmühle erbaut – ist sie sehr gut in Schuss. Alle Maschinen, darauf legt Ebbecke besonderen Wert, funktionieren auch heute noch. So kann der Müller die kleinen und großen Besucher in die Geschichte und die Geheimnisse seines fast schon vergessenen Handwerks einweihen.

Zwischen Eilenburg und Torgau in Audenhain gelegen, ist die schmucke Mühle ein weithin sichtbares Wahrzeichen der Region. „Die Mühlen haben früher das Landschaftsbild geprägt. Allein in Audenhain gab es neun davon“, berichtet Ebbecke. Heute ist seine der einzige noch verbliebene Zeitzeuge des Müllerhandwerks. Damit dies so bleibt, achtet der 70-Jährige genau darauf, dass sowohl die teils sehr antiquiert anmutenden Maschinen im Inneren als auch die äußere Erscheinung seiner Mühle stets in Ordnung sind. Schließlich befindet sie sich im Besitz der vierten Familiengeneration – drei davon hießen Ebbecke. Seit ihrer Entstehung ernährte die Mühle ihre Besitzer, die dafür allerdings schwer arbeiten mussten. Sie mahlten das Mehl für die Bauern der Region.

Irgendwann genügte die veraltete und zu kleine Bockwindmühle nicht mehr den stän-

Die Paltrockwindmühle in Audenhain lässt bei jeder Gelegenheit ihre Flügel im Wind drehen. Die ehemalige Bockwindmühle stellt sich mit Hilfe eines kleinen seitlich ausgerichteten Windrades automatisch in die richtige Richtung. Fotos: Andreas Judefeind

dig steigenden Anforderungen an das Müllerhandwerk. Deshalb ließen Ebbeckes Eltern sie im Jahr 1938 zur Paltrockmühle mit mehr Raum, modernerer Technik und elektrischem Antrieb umbauen, so dass sie nicht mehr auf die unberechenbare Windkraft angewiesen waren. Sie mahlten das Mehl der Bauern und belieferten Bäcker mit Mehl aus selbst angekauftem Getreide. Bis zur „sozialistischen Umgestaltung" im Jahr 1960 verdienten sie mit der so genannten Lohn- und Handelsmüllerei im wahrsten Sinne des Wortes ihr Brot. Nach der Verstaatlichung der landwirtschaftlichen Betriebe reichte der Ertrag, den die Mühle abwarf, nur noch als Nebenverdienst. Bis 1980 liefen die Maschinen der Paltrockmühle Audenhain regelmäßig. Danach meldeten Ebbeckes Eltern ihr Gewerbe ab. Die Mühle sah zunächst einer unsicheren Zukunft entgegen und verfiel zusehends.

Nach diesen dunklen Jahren nahm sich Reinhard Ebbecke, der inzwischen das Müllerhandwerk studiert hatte, des Kulturgutes an. Mit Hilfe staatlicher Denkmalpflege-Mittel ließ er die Mühle, deren Flügel wegen des Verfalls abmontiert werden mussten, aufwändig rekonstruieren. „Es wurden neue, große Flügel angebracht", erzählt der rüstige, pensionierte Müller. „Ich wollte die Technologie für nachfolgende Generationen erhalten." Seit mehreren Jahren nun führt er nach telefonischer Voranmeldung Besuchergruppen durch die rundum erneuerte Mühle. Vor allem Schülergruppen hätten Spaß daran, den Weg des Korns bis zum Mehl zu verfolgen und anschließend ihr eigenes Brot daraus zu backen. Beim Rundgang werden sie mit Bildgeschichten, die überall in der Mühle aushängen, an das Schicksal von Max und Moritz erinnert, die wegen ihrer bösen Streiche als Futter für das Federvieh des Müllers endeten. Für die Erwachsenen bietet das Ehepaar Ebbecke nach dem Mühlenrundgang ein gemütliches Kaffeetrinken mit frischem Kuchen an.

Auch wenn die Nachkommen der Ebbeckes keine Müller sind – die Zukunft der Mühle scheint dennoch gesichert zu sein. Ihre Enkel, die derzeit noch im Teenager-Alter sind, wurden in der Gegend geboren und wollen später unbedingt einmal auf Ebbeckes Grundstück wohnen.

Susann Huster

Die Paltrockwindmühle in Audenhain ist voll funktionstüchtig und hat einen aktiven Windmüller. Reinhard Ebbecke mahlt noch Getreide, allerdings dreht sich das Windrad selten unter Last. Seine Kraft reicht lediglich für den Mahlgang mit den alten Mühlsteinen. Der modernere Teil der Mühle wird heute elektrisch betrieben. Reinhard Ebbecke kennt noch die schwere Arbeit des Mühlsteinschärfens mit den Spezialhämmern.

Service

Paltrockwindmühle Audenhain
Dorfstraße 206
04838 Audenhain

Kontakt: Familie Ebbecke
Tel.: 03 42 44/5 08 54
Email: info@muehlen-nordsachsen.de

Der Müller schläft auf dem Mehlsack

Die Mühle steht noch am Originalstandort. Bis in die Siebzigerjahre wurde hier noch Getreide gemahlen. Fotos: Andreas Judefeind

Hermann Hübner hatte es immer wieder mit sanfter Überzeugungskunst versucht. Doch sein Neffe Georg Jahn wollte von Onkels „oller Klappermühle" inmitten der Dübener Heide einfach nichts wissen. „Als Jugendlicher hat mich das Müller-Leben ganz und gar nicht interessiert", sagt Jahn über die Zeit Ende der Fünfziger-, Anfang der Sechzigerjahre. Am liebsten hätte er damals in Onkels Scheune gleich neben der Mühle eine Disko eingebaut. Doch Korn mahlen? Nein, danke.

Heute ärgert sich der 59-Jährige über sein früheres Desinteresse. Schließlich ist Jahn – wider Erwarten – zum „Müller-Schorsch" von Großwig geworden. Mehr noch: Die einst klapprige Bockwindmühle, in der mehrere Hübner-Generationen das Korn der umliegenden Bauern zu Mehl zermalmten, prangt schöner denn je auf dem Feld im Ortsteil Großwig der Gemeinde Dreiheide. Kaum zu glauben, dass Hübners Arbeitsstätte bis Ende der Neunzigerjahre zu einem maroden „Holzhaufen" verrottet war und kaum jemand mehr an die Rettung glauben wollte.

„Im Mai 2000 wurde Onkels Mühle wieder eröffnet", sagt Jahn, „seither bin ich quasi der Hobby-Müller." Er ist stolz darauf, dass er jedes Jahr rund tausend Schaulustige durch die aufwändig restaurierte, gemeindeeigene Anlage führen kann. Von ganz weit her kommen die Besucher, um das auf einem Bock ruhende Haus, das sich um einen so genannten Hausbaum herum in den Wind drehen lässt, zu bestaunen. Amerikaner beispielsweise schwärmen im Gästebuch abwechselnd mit deutschen Reisenden. Da ist etwa die Rede von einer „wundervollen Reise in die Vergangenheit", von einem „schönen Erlebnis" oder auch vom „Respekt vor unseren Vorfahren".

Regelrecht hin und weg sind die Leute, wenn Jahn die Flügel, die korrekt Ruten heißen, bei günstigem Wind und nur zu bestimmten Anlässen in Gang setzt. Da bilden sich schon mal lange Autoschlangen an der nahen Bundesstraße und die Hobbyfilmer geraten in Verzückung. „Dann knattert, knirscht und rumpelt es im Holz", erzählt Jahn, „und die ganze Mühle scheint zu ächzen." Geräusche, die ganz private Erinnerungen wach werden lassen. „Als Kind", so Jahn, „bedeutet die Mühle für mich Krach und Staub, Kälte im Winter und Angst bei heftigem Wind."

Sogar an ein wenig Grusel erinnert er sich. Im Krieg, in der zweiten Hälfte des 18. Jahrhunderts, hatte ein übler Sturm Teile des Gebäudes abgehoben und weit übers Land gefegt. Den Rest der Zerstörung wollten die Österreicher, die im Zusammenhang mit der Schlacht bei Torgau unweit Großwig lagerten, besorgen. Mit einem Seil zerrten die Militärs am Mühlenbau, bis ein Offizier von einem schweren Teil erschlagen wurde. Kurz danach sollen sich Einheimische an den verbuddelten Leichnam auf dem Mühlengelände herangegraben haben. Doch die Hoffung, einen wertvollen Degen zu finden, wurde enttäuscht. „Für die Störung der Totenruhe hat sich der Erschlagene dann womöglich gerächt", gibt Jahn die Version seiner Tante wieder. Immerhin soll nach Erzählungen der 2001 verstorbenen Frau auf dem vermeintlichen Grabplatz an der Mühle keine Pflanze mehr gediehen sein. Aber auf dem dicht daneben liegenden Gemüsebeet der Müllersleute sei alles regelrecht gewuchert. Eine Legende?

Egal. Jahn erzählt gerne solche Geschichten über die Großwiger Bockwindmühle, deren Geschichte rund fünf Jahrhunderte zurück reiche, die zerstört und immer wieder

aufgebaut wurde. Er erklärt, warum der „Bock" der Mühle den Namen gab, warum der Holzbau einen Sterz braucht, dass Schleiereulen treue Untermieter sind oder auch, dass Müller Hübner im Sitzen und oft auf Mehlsäcken schlief. „Ich hätte mir von Onkel und Tante alles beibringen und erklären lassen sollen", sagt er, „da wüsste ich sicherlich noch bessere und spannendere Dinge zu berichten und hätte mehr technische Details drauf." Doch das letzte echte Müllerpaar ist tot. Irgendwann in den Siebzigerjahren hatten die beiden letztmalig Schrot gemahlen.

Samira Sachse

▲ Georg Jahn führt die Gäste durch die Mühle. Eine Abwehr gegen böse Geister und Dämonen sollte einst dieser Kleiekotzer sein. Ähnliche Figuren kennt man zum Beispiel aus der Illustration zu „Max und Moritz".

Blick in das winzige Müllerstübchen in dem kleinen Anbau (Feise) an der Rückseite der Mühle.

Service

Mühle Großwig
Schulstraße 4
04860 Süptitz

Kontakt: Georg Jahn
Gemeindeverwaltung Dreiheide
Tel.: 0 34 21/7 21 70
Fax: 0 34 21/72 17 33

Besichtungen und Führungen werden auf Anfrage arrangiert.

Die Wassermühle Simselwitz

Freude an den alten Dingen

Dorothea Philipp hat ein Faible für Altes. Das gilt nicht nur für ihre mehr als 300-jährige Wassermühle in Simselwitz bei Döbeln. Auch andere betagte Dinge üben eine magische Anziehungskraft auf die 67-Jährige aus. Der schmucke Fachwerkbau gegenüber ihrem Wohnhaus, in dem früher das große Mühlrad ratterte, beherbergt neben dem fast vollständig erhaltenen Mühlen-Interieur ein ganzes Sammelsurium an persönlichen Erinnerungsstücken. Dort, wo einst der Müller mit seiner Familie und der Müllergeselle wohnten, hat Dorothea Philipp mit viel Liebe zum Detail eine Art familiäres Heimatmuseum eingerichtet. Oft und gern empfängt die Tochter des letzten Müllers hier Besucher, die sie bereitwillig in die Kunst des Mehlmahlens einweiht. Obendrein gewährt Dorothea Philipp ihren Gästen in dem heute leer stehenden Wohnhaus Einblicke in die Privatsphäre ihrer Vorfahren und das ländliche Leben Anfang des 20. Jahrhunderts.

Zur Geschichte der Mühle gibt es viele interessante Details und Anekdoten zu berichten. Um 1700 als Wassermühle erbaut – Aufzeichnungen darüber existieren nicht – wurde sie 1734 in der Döbelner Ortschronik erstmals erwähnt. Es war der Müller, der für geschichtsträchtige Schlagzeilen sorgte: Er wurde damals kurz vor dem Schlafengehen von drei vermummten Gestalten, die sich Ruß ins Gesicht geschmiert hatten, überfallen. Sie schlugen ihn nieder, fesselten und knebelten ihn. Das gleiche Schicksal widerfuhr seiner Frau und der Magd, die damals bereits im Bett lagen. Mit 150 Talern machten sich die Räuber auf und davon, ohne jemals gefasst zu werden. Die Müller-

Die Mühle in Simselwitz nahe Döbeln ist im originalen Zustand seit ihrer Stilllegung erhalten. Fotos: Andreas Judefeind

Die Tochter des letzten Müllers, Dorothea Philipp, kümmert sich aufopferungsvoll um den Erhalt des technischen Denkmals und der zahlreichen Hausratsgegenstände. Im Kontor zeigt sie ein Kassenbuch mit der ersten Eintragung im Jahre 1899.

familie kam mit dem Schrecken davon. – Diese Geschichte erzählt die heutige Besitzerin häufig ihren Besuchern, ist sie doch der einzige Beleg für das hohe Alter der Mühle. der Bauern in der Gegend. „Seither steht die Mühle so, wie wir damals aufgehört haben", sagt Philipp. Das große alte Mühlrad dreht sich schon lange nicht mehr. Es verfällt zu-

Die Küche der Müllersfamilie.

Danach gibt es in der Chronik ein großes Loch. Erst 1848 taucht die Wassermühle wieder im Döbelner Grundbuch auf. Daraus geht hervor, dass sie seit dem Jahr 1896 im Besitz der Familie Lohse ist, wie Dorothea Philipps Mädchenname lautet. Ihr Großvater Richard Lohse kaufte damals die Mühle, ließ sie um die Jahrhundertwende umbauen und produzierte in Spitzenzeiten bis zu einer Tonne Mehl und Schrot pro Tag. Nach seinem Tod im Jahr 1924 trat ihr Vater Herbert Lohse das Erbe an. Von seinen drei Töchtern erklärte sich nur Dorothea bereit, die Familientradition auch ohne Müllermeister-Diplom fortzuführen. Als ihr Vater 1969 starb, übernahm sie die Mühle und produzierte gemeinsam mit ihrer Mutter noch zehn Jahre lang Schrot für das Vieh sehends und ist heute nur noch eine Besucherattraktion. Der Fluss, der das Wasser für die Mühle lieferte, versiegte im Jahr 1969 als Folge von Straßenbauarbeiten. Von diesem Zeitpunkt an trieben ausschließlich Elektromotoren die Mühle an. Immer wieder einmal erneuerten die jeweiligen Mühlenbesitzer die Maschinen, das letzte Mal in den Dreißigerjahren. Noch heute stehen viele davon als technische Zeitzeugen in der Mühle, deren Funktionsweise Dorothea Philipp auch Schülergruppen plausibel und gut verständlich erklären kann. Immer wieder interessant für Besucher sind die vielen historischen Details wie etwa der gerahmte Meisterbrief ihres Vaters oder das Kassenbuch ihres Großvaters von 1899, in das mit einer Feder alle Einnahmen und Ausgaben fein säuberlich eingetragen wurden. Auch ein alter Volksschul-Atlas ihres Großvaters aus dem Jahr 1880 findet sich in der Müllerstube.

Die Mühle ist noch heute ein wichtiger Teil im Leben von Dorothea Philipp. Mindestens ebenso bedeutsam ist allerdings ihr einstiges Wohnhaus, das sich direkt an die Mühlenräume anschließt. „Ich bin hier geboren, meine Schwestern und mein Vater auch", berichtet die traditionsbewusste Müllerstochter. Wohl deshalb oder einfach aus Spaß am Sammeln alter Dinge hat sie die Originaleinrichtung des Hauses aus der Zeit nach 1900 im Originalzustand erhalten. Die alten Schränke, der Tisch mit Glückwunschkarten zur Hochzeit ihrer Eltern und dem Brautschleier ihrer Großmutter, die Haushaltsgegenstände wie ein Butterfass, ein Pflaumenmus-Rührer und ein Quarkständer sowie das alte Bett mit den Nachthemden und der Unterwäsche ihrer Eltern und Großeltern wirken so, als wären die Bewohner nur mal schnell außer Haus gegangen. Viele historische Teile hat Dorothea Philipp als Erklärung für die Besucher beschriftet.

Susann Huster

Service

Wassermühle Simselwitz
Mühlweg 1
04720 Mochau, OT Simselwitz

Kontakt: Frau Dorothea Philipp
Tel.: 0 34 31/70 18 90

Nicht nur für Mühlenfans lohnt sich ein Ausflug nach Simselwitz. Wer Altes liebt und gern wissen möchte, wie das ländliche Leben vor hundert Jahren funktionierte, sollte sich unbedingt zu einem Mühlenrundgang bei Frau Philipp anmelden.

Der letzte Müller

Das war auch solch ein finsterer Ort auf Erden. Die Mühle im Tal klapperte schon lange nicht mehr, so wenig wie der trockene Bach rauschte. Martin, der Müller war alt, seine Frau vor Jahren jung gestorben, und seine Kinder hatte er auf die besten Schulen im Lande geschickt. Denn er wollte, was fast alle Eltern wollen: dass es seinen Kindern einmal besser ginge als ihm. In der Mühle aber, das ahnte Martin, würde es ihnen einmal nicht besser, wahrscheinlich nicht einmal gut gehen. Eine Eisenbahn bauten sie in der Nähe, hatte er gehört, und manchmal, wenn der Wind ungünstig stand, roch er den Rauch aus den ersten Fabrikschloten in den Städten. Und die Fabriken wurden größer und größer, einige standen sogar an Flüssen wie die Mühlen und holten sich elektrischen Strom aus dem Wasser. Mit den Fabriken, das spürte Martin, würde sich alles ändern.

Also hatte er die beiden Jungs und das Mädchen nicht, wie es üblich war im Gebirge, schon als Kinder in der Mühle arbeiten lassen. Er hatte sie zur Schule ins Dorf geschickt, hatte ihnen Bücher gekauft, hatte sie spielen lassen am Bach, im Wald, bei ihren Freunden. Jeden Abend hatte sich der Müller erzählen lassen, was sie gelernt, was sie gelesen, mit wem sie gespielt hatten. Und wenn er etwas nicht verstand, weil er alt und in einer anderen Zeit aufgewachsen war, dann hatte er es sich erklären lassen. Seinen Kindern wiederum erklärte er, dass die Zeit der Mühlen bald vorbei sein würde und sie sich deshalb einen anderen Beruf suchen müssten. Generationen lang waren die Männer in der Familie Müller gewesen, und die Frauen waren nichts gewesen. Wenn sie ins Tal, in die Mühle zogen, war ihr Leben vorbei, erzählte Martin, der Müller, und insgeheim dachte er, dass seine Frau wohl an der Einsamkeit gestorben sei. Deshalb wollte er, dass seine Kinder etwas anderes lernten, dass sie Lokführer oder in einer Fabrik arbeiten oder am besten Lehrer würden.

„Schaut euch den Müller an", sagten sie im Dorf, „will was ganz Besonderes sein. Neue Moden führt er ein. Verwöhnt seine Kinder. Sollen wohl was Besseres werden, während unsere Plagen arbeiten müssen, weil es sonst kein Auskommen hat. Aber das ist hier noch keinem gut bekommen, dass einer alles hat anders machen wollen."

Martin hörte es, aber er ließ sich nicht beirren, und manchmal dachte er, dass seine Frau ihm zusehen würde oben vom Himmel, und dass sie verstünde, wie er es mit ihren Kindern hielt. Söhne und Tochter wurden älter, und bald bekamen auch sie zu spüren, dass ihr Vater nicht mehr wohlgelitten war im Dorf, seit er sie auf auswärtige Schulen schickte – nach Zschopau, nach Chemnitz und Dresden. Es wurde einsam um die Mühle und in der Mühle. Einst hatte die Mühle dem Grafen von Einsiedel gehört, und er hatte jedem Bauern eine seiner Mühlen zum Mahlen zugewiesen. Mit dem Mahlzwang hatten die Bauern schlecht, die Müller etwas besser gelebt. Reich geworden waren sie alle nicht. Die Bauern aus der Umgebung kamen, ein jeder zu seiner Mühle, die nicht ihnen und nicht dem Müller gehörte. Deshalb verstanden sich Bauern und Müller gut und schimpften gemeinsam auf den Grundbesitzer. War die Kornernte eingebracht, wurde gefeiert, war das Getreide gemahlen, wurde gefeiert. Doch der Graf spürte früher als die Bauern und früher als die Müller, dass die Zeit der Mühlen zu Ende gehen würde, obwohl die Fabriken Menschen ins Gebirge brachten, die Brot brauchten, für das mehr Mehl als früher nötig war, was den Müllern mehr Arbeit brachte. Doch der Graf hatte nichts dagegen, dass Martin die Mühle kaufte. Noch immer kamen die Bauern, und wenn Martin ihnen sagte, dass es bald andere Mühlen geben würde, mit Maschinen, die soviel Korn an einem Tag mahlen wie seine Mühle in einer Woche, dann lachten sie ihn aus. „Wie soll das gehen?", fragten sie, und sahen doch schon die Schlote in den Tälern rauchen, sahen die Fabriken wachsen neben den Bäumen und bald höher als die Bäume. Aber die Bauern, die immer zu Martin in die Mühle gekommen waren, kamen weiter zu ihm – und sie glaubten ihm nicht, dass die Zeit der klappernden Mühlen am rauschenden Bach zu Ende ging. Glaubten ihm nicht, und sie kamen nicht mehr, als er bei seiner Meinung blieb und die Kinder nicht mehr Müller werden ließ, wie es Brauch war und Tradition.

Die Bauern mieden die Mühle des kauzigen Müllers, und mancher spöttelte: „Tatsächlich, die Zeit der Mühlen geht zu Ende – die Zeit seiner Mühle zumindest." Hatte früher jeder Müller in der Ge-

gend sein Auskommen gehabt, so warnten seine Kollegen nun vor ihm, und die Gutsherren hielten die Bauern an, bei anderen mahlen zu lassen. Der da unten im Tal sei wohl nicht ganz richtig im Kopf, und wer weiß, ob er überhaupt die Mühle noch bedienen könne, wer weiß, ob er nicht das Mehl verderbe mit seinen neuen Ideen, die ja eigentlich nur die alten Ängste waren. Der Müller kaufte nur noch ein wenig Getreide, um Mehl für sich selbst zu mahlen und um die Mühle in Gang zu halten. Später versuchte er sogar, mit einer Turbine, die er sich vom Ersparten gekauft hatte, Strom zu erzeugen. Strom, der die Motoren antrieb, die die Mühlräder ersetzten. Solche Mühlen hatte er sich immer gewünscht, wenn die Sommer trocken waren und der Fluss kaum Wasser führte. Nun, da es sie gab, diese Maschinen, war es ihm beinahe gleichgültig. Er war nicht traurig, dass die Zeit seiner Mühle ablief, er war traurig, dass es die anderen nicht begriffen. „Das ist der Lauf der Welt", sagte er seinen Kindern, wenn sie ein-, zweimal im Monat kamen, um ihm zu erzählen, was sie gelernt hatten. „Gib die Mühle auf", sagten sie ihrem Vater, „komm zu uns in die Stadt, da hast du ein besseres Leben." Und Martin erzählte ihnen, wie er und seine Arbeiter früher die schweren Getreidesäcke gebuckelt hatten, hoch zum Mahlwerk, wie sie Tag und Nacht gemahlen hatten, sieben Mühlen im Dorf, weil die Bauern auf das Mehl warteten, weil die Bauern das Geld vom Gutsherrn brauchten, weil die Leute das Brot brauchten. Es ging nur ums Brot, ums Leben.

Die Jahren gingen ins Land. Aber schneller als das Wasser floss, konnte die Mühle nicht mahlen, schneller als das Wasser floss, konnten die Sägemühlen nicht sägen – und so hatten sich die Müller abends am Stammtisch oft gewünscht, es möge endlich Maschinen geben, die das Wasser ersetzen. Nun gab es die Maschinen, immer mehr, aber die anderen Müller waren nicht froh darüber. „Was soll aus uns werden", fragten sie, „und aus unseren Familien? Wir leben von der Mühle! Was sollen wir machen, wenn die Bauern das Korn zum Mahlen in die Stadt fahren?" „Baut selbst eine neue Mühle", empfahl der Müller, doch darüber wurden die anderen Müller erst recht wütend. „Du weißt selbst, dass das Geld dafür nicht reicht", schimpften sie und fühlten sich gar verspottet, „wir sind immer gerade so übers Jahr gekommen, da blieb nichts zum Sparen. Oder hast du was auf die Seite gebracht? Na ja, vielleicht, hast ja deine Kinder schnell aus dem Haus geschafft." „Lasst meine Kinder aus dem Spiel", brummte der Müller und fuhr bald nicht mehr zum Stammtisch seiner Kollegen. Seinen Kindern aber sagte er, sie bräuchten nun nicht mehr so oft zu ihm kommen. Der Weg sei weit und teuer, und er wisse, dass die Tage in der Mühle nicht mehr lustig seien. Aber die Kinder kamen trotzdem, wenn auch seltener.

Der Müller fühlte sich alt, aber er wähnte sich nicht um sein Lebenswerk betrogen wie die anderen Müller, obwohl nun auch seinen elektrischen Strom keiner haben wollte. Die Mühle sei zu weit vom Dorf entfernt, sagten die Leute, die Leitungen würden zu teuer. Und überhaupt, ob sich das mit der Elektrizität durchsetzen würde oder ob das nicht zu gefährlich wäre... Spuckte der Strom nicht Blitze und Feuer, sei nicht schon mancher dadurch umgekommen?

Der Müller ließ seine Turbine weiter drehen, saß abends am Fenster, im Schein einer elektrischen Lampe und las: „Fremdlinge sind wir auf Erden..." Und sagte leise: „Ja." Nach und nach gingen auch seine Ersparnisse zu Ende, aber die Leute im Dorf erbarmten sich seiner und brachten ihm zwei-, dreimal in der Woche ein Gnadenbrot. Es war weniger Mitleid als Schadenfreude. Froh waren sie, dass er es nicht weit gebracht hatte mit seinen neuen Ideen. Manchmal dachte der Müller daran, dass es später heißen würde, die Leute im Gebirge hätten immer zusammengehalten, wenn sich die Zeiten änderten, hätten immer gemeinsam einen Weg aus dem Unglück gesucht und gefunden. Und er musste lächeln: Als es ihnen allen gut ging, waren sie Freunde gewesen. Als es ihnen schlechter ging, waren sie nur noch Kollegen. Als es ihnen schlecht ging, war einer des anderen Feind. Mit Händen und Füßen hatten sie sich gegen das Neue gesträubt, mit niemandem hatten sie teilen wollen, über jeden, der zurückblieb, waren sie froh gewesen. Nur die Bergleute waren anders, aber die waren ja auch von anderswo gekommen, hatten andere Sitten mitgebracht, und sie waren verbunden auf Leben und Tod da unten in der Grube. Oben auf der Erde aber waren sie froh über jeden, dem es nicht besser ging als ihnen selbst. Sie hassten alles Fremde und liebten es, wenn es morgen war wie heute wie gestern. Doch der Müller war nicht verbittert darüber, höchstens ein wenig traurig – so, wie man eben über etwas Unabänderliches traurig sein kann. Aber seine Mühle mahlte immer noch.

Schließlich spürte der Müller, dass es mit ihm zu Ende ging. Er rief seine Kinder noch einmal ins Tal, an den Fluss, an dem die Mühle seit über hundert Jahren stand. Mit seinem Geld war es längst zu Ende gegangen, aber die Mühle hatte er in Ordnung gehalten.

Das Wasserrad drehte sich ächzend, knarrend krochen die Kräfte über die Wellen und Zahnräder zu den Mahlsteinen, säuberlich legte sich das Mehl wie ein Staubtuch auf Tische und Bänke im Haus, wenn Martin an einigen Tagen im Jahr die Mühle mahlen ließ. Andere Mühlen waren längst verlassen und verfallen, die Müller in die Städte gezogen, obwohl sie doch nicht geglaubt hatten, dass die Zeit ihrer Mühlen vorbei war. „Warum gibst du die Mühle nicht auf, Vater?“, fragten seine Kinder. „Du könntest in unsere Nähe ziehen, du hättest es gut auf deine letzten Jahre. Besser als hier unten im Tal.“ Aber Martin wollte in der Mühle sterben. „Wenn ich zu euch in die Stadt ziehe, wird die Mühle bald vergessen sein. Wenn ich aber hier bleibe, werden sich die Leute immer daran erinnern, dass hier unten mal ein alter Spinner gelebt hat, der seine Mühle partout nicht aufgeben wollte. Vielleicht wird es sie daran erinnern, dass man zur rechten Zeit aufhören muss. Nicht zu früh und nicht ohne Not, aber zur rechten Zeit.“ „Du hörst doch selbst nicht auf“, wunderten sich Martins Kinder. „Wenn überhaupt, lernen die Menschen nur von den schlechten Beispielen, nicht von den guten“, brummte der Müller. Das verstanden seine Kinder nicht, aber sie mussten zurück in die Städte, an ihre Arbeit, und unterwegs dachten sie über ihren Vater nach. Dem brachten Leute aus dem Dorf noch einige Monate lang das Gnadenbrot. Bis sie Martin eines Tages tot fanden, gestorben an seinem Mahlwerk, mit der Müllerschürze um den Bauch und ein wenig Mehlstaub im Gesicht. Später erzählten die Leute, der Müller, der das Ende der Mühlen vorausgesagt hatte, aber selbst bis an sein Lebensende mahlte, spuke immer noch in der Mühle herum. Ein finsterer Ort sei das. Ein Müller könne eben einfach nicht von seiner Mühle lassen.

Hier sollte die Geschichte eigentlich zu Ende sein, denn für Martin war das Ende der Mühle auch das Ende der Geschichte. Von oben, vom Himmel, sah er, wie seine Mühle verfiel. Manchmal wagten sich Kinder in das dunkle, feuchte Haus, aber schnell rannten sie wieder davon – denn da sollte ja der Mühlengeist sein, ein Kobold, der darüber wachte, dass die Mühle in niemandes unbefugte Finger geriet. So verging ein ganzes Jahrhundert. Inzwischen qualmten die Fabrikschlote nicht mehr ganz so sehr, waren noch mehr Menschen aus dem Dorf in die Städte gezogen auf der Suche nach Arbeit, und nicht nur Martins Mühle stand leer. Und Martin sah dem Verfall seiner Mühle traurig zu, so traurig wie jemand, der die Geschichte nicht aufhalten kann. Doch dann kamen eines Tages Leute an der Mühle vorbei, blieben stehen, redeten, schauten, gingen ganz aufgeregt wieder weg. Und bald kamen sie wieder – mit anderen Leuten, die in alten Büchern blätterten. Bald kamen sie wieder mit Maschinen und mit noch mehr Menschen, und Martin traute seinen Augen kaum. Die Leute reinigten den Mühlgraben, besserten die verfallenen Mauern der Mühle aus, strichen die Wände neu, setzten neue Fensterscheiben ein und schafften sogar ein neues Mühlrad heran. Bald leuchtete die Mühle wieder gelb am Bach, das Mühlrad drehte sich, es war ein Kommen und Gehen um die Mühle wie in ihren besten Zeiten. Und Martin dachte bei sich: So schnell kommt es also nicht, das Ende der Geschichte, und manchmal ist vielleicht, was wir als das Ende empfinden, eigentlich erst der Anfang.

Matthias Zwarg

MÜHLEN

Mühle in Nechern. Foto: W. H. Schmidt

DRESDEN & OSTSACHSEN

Die Fehrmannmühle in Coblenz

Das Bittgesuch des armen Müllers

„Meiner ganzen Habe beraubt, weiß ich nicht, wie ich mich mit Weib und Kind und meiner durch Gicht zu jedem Erwerb unfähigen alten Mutter durchbringen könne. Im Vertrauen auf den Höchsten wage ich es, meine unübersehbare Not zur Kenntnis edler Menschenfreunde zu bringen, mit der ehrfurchtsvollen Bitte, durch eine milde Gabe bei meinem unverschuldeten Unglück Gottes Werkzeug zu meiner Rettung werden zu wollen." Diese in den „Budissinischen Nachrichten" Anfang März anno 1826 veröffentlichte Bitte des Mühlenbesitzers Johann Mütterlein und die vorherige Nachricht, dass am 17. Februar des gleichen Jahres seine Mühle mit Wohnhaus sowie Stall und Scheune abbrannten, ist die erste öffentliche Erwähnung der Coblenzer Mühle am Schwarzwasser.

Wieviel Geld sein öffentliches Bittgesuch in der damals einzigen Bautzener Zeitung dem Johann Mütterlein einbrachte, wissen wir nicht. Die Wassermühle aber entstand 1832 neu. Mit dem 1948/49 angebauten hohen Mahlhaus können sie die Besucher heute noch beim Wandern durch das romantische Schwarzwassertal bewundern. Die jetzige Fehrmannmühle ist als technisches Denkmal alljährlich am Pfingstmontag zum Deutschen Mühlentag sowie zu anderen Anlässen in „voller Aktion" erlebbar.

Die Jahreszahl 1626 an der Mühle verrät dem Betrachter, dass bereits in jenem Jahr hier eine Mühle stand. Ihr Besitzer ist unbe-

Müllerin Heidi Lehmann schaut aus der alten Müllerwohnung der Mühle. Fotos: Hendrik Jattke

kannt. Erst anno 1782 wird ein Jacob Rentsch als Müller in Coblenz erwähnt. Er war wie die meisten Betreiber der Coblenzer Mühle ein Sorbe, denn dieses Dorf liegt in der einst fast nur von Sorben bewohnten „Gödaer Pflege“ westlich von Bautzen. Auf dem fruchtbaren Lößboden des Ortes und der Umgebung gedeihen vor allem Weizen, andere Getreidearten und Zuckerrüben. So war für die Mühle reichlich Getreide zum Mahlen vorhanden, zumal die Bauern bereits in der zweiten Hälfte des 16. Jahrhunderts vom sächsischen Kurfürsten August die „freie Mühlenwahl“ erhielten. Kein Wunder, dass es einst in der heutigen Gemeinde Göda mit ihren 32 Orten rund zwei Dutzend Wasser- und Windmühlen gab.

Dennoch blieben die meisten Müller nicht ein Leben lang auf der Coblenzer Mühle. Ernst Pannach musste die Mühle im Februar 1880 verkaufen, seinem Nachfolger Johann Leßke wurde sie sechs Jahre später zwangsversteigert. Der neue Käufer Kober und seine Frau verunglückten im März 1889, als sie das Mühlrad bei großer Kälte vom starken Eispanzer befreien wollten und sich das Rad plötzlich zu drehen begann. Glücklicherweise brannte die Mühle 1899 nicht erneut ab, als eine Dienstmagd als Rache für eine Beschimpfung durch den Müller Gustav Kappler die benachbarte Scheune anzündete.

Seit Jacob Rentsch sind zwölf Müller namentlich erwähnt, bis 1921 der aus einem Müllersgeschlecht stammende Alfred Fehrmann die Mühle mit einem Mahl- und Schrotgang und die dazugehörige Bäckerei kaufte. Er begann sofort die Mühle zu modernisieren, ließ einen Doppelwalzenstuhl, später noch zwei weitere Doppelwalzenstühle, eine Turbine anstelle des Wasserrades, einen Mehlboden und Silo einbauen. Als Obermeister der Bautzener Müller-

Stimmungsvoller Blick in die Mühle.

Müllerin Heidi Lehmann auf dem Walzenboden der Mühle.

innung übergab er 1953 das Gewerbe seinem Sohn Ernst. Dieser modernisierte mit einem neuen Dampfbackofen die Bäckerei. Mit einem offenen Lieferwagen wurden die Backwaren bis 1989 auch in die Gehöfte der umliegenden Orte gebracht, und Fehrmann versorgte sogar die Nachbarstadt Bischofswerda mit Brot und Semmeln. Als Neuheit wurden in der Fehrmannmühle Paniermehl sowie Backschrot für die Pumpernickelfabrik in Rammenau hergestellt. Auch nach der Wende wurden in der Mühle täglich bis zu 20 Tonnen Mehl gemahlen. Ernst Fehrmann fuhr die Mehlsäcke noch bis kurz vor seinem Tode am 2. April 1998 persönlich zu seinen Kunden.

Um die noch immer betriebsfähige Mühle kümmert sich jetzt der 1999 gegründete Förderverein, der sie als technisches Denkmal der Öffentlichkeit zugänglich erhält.

Manfred Ladusch

Service

Fehrmannmühle Coblenz
02633 Göda, OT Coblenz

Kontakt: Förderverein
Fehrmann-Mühle Coblenz e.V.
Herr Beil
Tel.: 03 59 37/8 22 08
E-Mail: kontakt@fehrmann-muehle.de

***Anfahrt**: Über die Autobahn A 6 bis Abfahrt Uhyst am Taucher (Autobahnkirche) sowie mit öffentlichen Verkehrsmitteln der ZVON-Buslinie 189 Bischofswerda-Uhyst/Ta.-Bautzen und umgekehrt, Montag bis Freitag. Auf der B 6 von Bischofswerda in Richtung Bautzen bis Göda fahrend, gelangt man ebenfalls nach Coblenz.*

Anmeldungen zur Besichtigung und Information: Tel.: 03 59 37/8 22 08. Im Nachbarort Nedaschütz gibt es eine vorzügliche Schlossgaststätte.

Das Flüsschen Schwarzwasser entspringt zirka 13 km südlich von Coblenz am Hohen Hahn im Lausitzer Bergland. Es fließt durch herrliche Felsentäler, vorbei an zahlreichen gut erhaltenen Burgwällen (auch in Coblenz). Unweit des Ortes das Naturidyll – die Coblenzer Schweiz. Entlang dem Schwarzwasser sind Wanderungen und Radpartien möglich.
Das Schwarzwasser fließt weiter nach Dreikretscham, Neschwitz, Königswartha, Großsärchen, Spohla (Geburtsort des sagenhaften Pumpot) und mündet bei Hoyerswerda in die Schwarze Elster.

Die Riegel-Mühle in Nechern

Die Heimat des „Kurzen ohne Schwanz“

Reproduktion einer historischen Ansicht der Mühle von 1905. Fotos: Hendrik Jattke

Landleben in Nechern. Foto: W. H. Schmidt

Außerhalb von Nechern an der Straße nach dem Kirchort Gröditz liegt am Mühlgraben des Löbauer Wassers ein einsamer Dreiseithof – die Riegel-Mühle. Im sorbischen Sagenkreis spielt diese historische Getreide- und Schrotmühle eine nicht unbedeutende Rolle. Hier wohnte der reiche, gute Wassermann, genannt „Kuši bjez wopuši“, auf Deutsch „Der Kurze ohne Schwanz“. Ihm gehörte der Flusslauf zwischen der Belgerner Mühle und Gröditz. Den Reichen und Hochnäsigen soll er viele lustige Streiche gespielt haben. Den fleißigen Müller und die armen Kinder aber belohnte er reichlich. Erstmals berichtete über den Wassermann der Müller August Gerber, der seinen Namen von der Wasserfrau gehört haben soll. Der 1900 in Nechern geborene sorbische Nationalmaler Martin Noack-Neumann malte diesen Wassermann wie viele andere seiner Art. Am Deutschen Mühlentag können die Besucher die farbige Zeichnung des hier beheimateten Wassermanns „Der Kurze ohne Schwanz“ von Noack-Neumann bewundern.

Die Mühle ließ 1871 August Gerber erbauen. Der sie umgebende Dreiseithof ist jedoch über 400 Jahre alt. Das Ausgedingehaus wurde modernisiert und dient jetzt der Familie Bundemann-Junior als Wohnung. Die Mühle und die anderen Gebäude bedürfen dringend der Sanierung. Seit 1988 gehört dem Funktechniker Steffen Bundemann die Riegel-Mühle samt den Nebenbauten wie Scheune und Bienenhaus, die sein Urgroßvater Emil Hantsch 1916 kaufte. Neben seiner beruflichen Arbeit bei der Deutschen Reichsbahn kümmert sich der Hobbymüller gemeinsam mit seinem Vater Gottfried Bundemann um die Restaurierung der Mühle und ihrer noch gut erhaltenen Mahltechnik. Die Erneuerung der Nebengebäude muss aus finanziellen Gründen vorerst noch warten.

„Zunächst habe ich selbst und mit Hilfe von Freunden von 1991 bis 1993 das Wehr des Löbauer Wassers repariert.“ Danach erneuerte Steffen Bundemann selbst die hölzernen und auch einige eisernen Teile des großen mittelschlächtigen Zuppingerrades, dessen Eisenteile allein zwei Tonnen wiegen. Seit 1995 treibt das Wasser des Flüsschens, das unweit der Stadt Löbau entspringt, wieder das rund fünf Tonnen schwere Wasserrad. Dessen Durchmesser beträgt vier Meter. Die hölzernen Radschaufeln sind

Das Zuppinger-Wasserrad.

anderthalb Meter breit. Mit sechs Umdrehungen in der Minute treibt das Zuppingerrad den Mahlgang und die gesamte Mahltechnik. Nur im Obergeschoss laufen keine der dort befindlichen Maschinen, denn ihr starkes Vibrieren würde den schadhaften Dachstuhl gefährden. Seit 1995 aber dreht sich das alte imposante Wasserrad wieder. Im gleichen Jahr gründete Steffen Bundemann einen Förderverein, dessen fünfzehn Mitglieder ihn bei der weiteren Restaurierung sowie bei der Durchführung der Mühlenfeste unterstützen. Eine kleine Ausstellung bietet dem Besucher einen Überblick über die interessante und wechselvolle Historie der Riegel-Mühle. Bereits 1583 wird ein gewisser Döcke als Besitzer des Hofes erwähnt. Die Riegel-Mühle blieb über Generationen im Besitz dieser Familie. 1855 wanderten Peter Döcke und seine Geschwister gemeinsam mit weiteren Einwohnern der umliegenden Orte nach Australien aus. Peter Döcke starb dort 1906. Seine Nachfahren weilen seit der Wende alljährlich im heimatlichen Nechern und in der Mühle. Australische Reisegruppen besuchten bereits mehrfach die Riegel-Mühle, denn sie gehört zum festen Besuchsprogramm eines Reisebüros vom fünften Kontinent.

Müller Gottfried Bundemann erlernte von 1946 bis 1949 sein Handwerk, arbeitete seit 1961 in der zur LPG gehörenden Riegel-Mühle, deren Doppelwalzstuhl 1968 abgeschaltet wurde. 2003 erfolgte seine Wiederinstandsetzung. Für die LPG und später für die Agrargenossenschaft hatte Gottfried Bundemann bis 1991 geschrotet. Jetzt führen beide Bundemanns gern interessierte Besucher durch ihre alte Mühle, erzählen aus dem einstigen Leben der Müller und verweisen stolz auf die alte, noch funktionsfähige Mahltechnik. Den Wassermann aber erblicken die Gäste nur noch auf dem Bild von Martin Noack-Neumann.

Manfred Ladusch

Schrotgang im Vordergrund, hinten die Mehlmischmaschine.

Service

Riegel-Mühle Nechern
02627 Weißenberg, OT Nechern

Kontakt: Steffen Bundemann
Tel.: 03 58 76/4 18 69
E-Mail: verein@riegel-muehle.de

Anfahrt: *Mit dem Auto auf der Autobahn A 4 bis Abzweigung Weißenberg und von dort auf der Landstraße S 111 nach Bautzen fahrend sowie von Bautzen auf der derselben Landstraße (S 111) nach Weißenberg, Abzweigung Nechern, erreichbar. Mit der ZVON-Buslinie 108 Bautzen–Gröditz–Weißenberg gelangt man von Montag bis Freitag ebenfalls nach Nechern.*

Die Riegel-Mühle ist die siebente Station am Wanderweg „Mühlen am Löbauer Wasser“, der im Mai 2005 seiner Bestimmung übergeben wurde. Er ist auch per Auto befahrbar. Die Tour beginnt an der Grubemühle in Grube bei Weißenberg.

In Nechern ist im Wohnhaus und im Atelier des hier 1900 geborenen und 1990 verstorbenen sorbischen Nationalmalers Martin Noack-Neumann ein Museum eingerichtet. Das Haus kann täglich besichtigt werden. In der Umgebung von Nechern laden rund zehn Teiche zum Wandern und Verweilen ein. In der nahen Kleinstadt Weißenberg erwartet das in Europa einmalige Pfefferkuchenmuseum „Alte Pfefferküchlerei“ am historischen Marktplatz Ihren Besuch.

Wiederkehr einer Totgeglaubten

Zschonergrund im Jahre 1984: Dem Wanderer stockt der Atem. Kein Bier in der Zschoner Mühle. Das lässt sich verschmerzen. Die Gaststätte am westlichen Rande von Dresden ist längst geschlossen. Doch der stolze Vierseitenhof im engen Tal ist verkommen, eine Ruine, baupolizeilich gesperrt. Der Besitzer hat zuletzt wie ein Eremit in einem gewölbeähnlichen Raum gelebt. Nun ist er gestorben. Erben und Gemeinde haben ein Problem. Nur einer frohlockt – Thomas Winkler. Der 22-jährige Dresdner träumte schon als kleiner Junge von einer eigenen Mühle. In jugendlicher Unbekümmertheit bewirbt er sich um das Grundstück und bekommt es, wie damals üblich, ohne Eigenkapital, aber mit Kredit, um zusammen mit seinen Freunden darin Wohnräume auszubauen. Dabei entwickelt sich Winkler, von Haus aus Elektromaschinenbauer mit Abitur, zum perfekten Denkmalpfleger: Jeder rostige Nagel wird aufgehoben, jedes brauchbare Brett, jeder noch so zerbrochene Gasthausstuhl. Und er wird zum Hobbyhistoriker. Dass die Mühle alt ist, weiß er. Aber wie alt? In Archiven findet sich ein Brief des Müllers Gregor Götze aus dem Jahre 1533. Darin bittet dieser den allergnädigsten Kurfürsten, das wegen der kurfürstlichen Jagd im Zschoner Grund verhängte Mahlverbot aufzuheben, zumal sein Weib „die Mühle von den Großeltern und rechten Eltern geerbt“ habe und diese „immer im ruhigen Besitz der Familie gewesen“ sei. Was Wunder, wenn Winkler die Ursprünge der Mühle auf etwa 1400 datiert, auch wenn sie im Laufe der Jahrhunderte manche Veränderung erfahren hat. Der heftigste Einschnitt kam 1917. Die Müller legten die Mühle still, mutierten gänzlich zu Gastwirten, nachdem sie schon längere Zeit einen Ausschank betrieben hatten. Im Schankgarten, wo August

Müller Thomas Winkler beim Schärfen der Mahlsteine mit Picke und Kieshammer. Fotos: Hendrik Jattke

Bebel einst unter den wachsamen Augen der Gendarmerie zu Dresdner Arbeitern sprach, stehen noch immer Kastanien und Linden aus jenen Jahren. Zur „Boomblut“, der Baumblüte, pilgerten die Dresdner in hellen Scharen in die Zschoner Mühle. Bis elf Uhr vormittags, sagt die Chronik, sollen oftmals schon 3000 Tassen Malzkaffee verkauft worden sein. An die gastronomische Tradition knüpfen Winkler und seine kunstbeflissene Lebensgefährtin Elena Schälike nach der Wende an, mehr gezwungen als gewollt; denn Freunde machen sich vom Acker, die Zinsen steigen von ein auf zehn Prozent. Das Ziel aber bleibt, die einzige Wassermühle

Dresdens originalgetreu zu restaurieren und zum Laufen zu bringen. Heute geht das 1991 wieder hergestellte oberschlächtige Wasserrad – sechs Meter im Durchmesser – angetrieben vom Wasser des Zschoner Baches bei Schauvorführungen ächzend in Betrieb, bewegt über das Kammrad zwei kleine Stockräder und … Aber diese Einzelheiten erfahren die Gäste, wenn Winkler als Müller erklärt, wie seine in Deutschland einmalige altdeutsche Mühlenkonstruktion funktioniert. In einem der fünf Gasträume, in denen natürlich auch Mühlenbrot serviert wird, sitzen die Besucher direkt neben der alten Technik. Vielleicht sehen sie später in der Scheune noch einen Film oder ein Theaterstück, denn die von Denkmalschützern als Vorzeigeobjekt gehandelte Zschoner Mühle – per Pkw übrigens nur zehn Minuten vom Dresdner Zentrum entfernt – ist Restaurant, Museum und Kulturhof in einem.

Gottfried Walsch

Service

Zschoner Mühle
Zschoner Grund 2
01462 Dresden

Tel. 03 51/4 21 02 52
Fax 03 51/4 21 02 62
www.zschoner-muehle.de
restaurant@zschoner-muehle.de

Öffnungszeiten:
April bis Oktober Mo.-Fr. 15-24 Uhr,
Sa., So., Feiertage, Ferien 11-24 Uhr
November, Januar bis März
Mi.-Fr. 17-24 Uhr
Sa., So., Feiertage, Ferien 11-24 Uhr
Dezember Mo.-Fr. 17-24 Uhr
Sa., So., Feiertage, Ferien 11-24 Uhr

Offene Mahltage während der Herbstferien in Sachsen.

Anreise per Pkw z. B. über A 4 bis AS Dresden-Altstadt, etwa vier Minuten Richtung Dreden-Zentrum, 2. Ampelkreuzung rechts über Merbitzer Str., Am Lehmberg, Warthaer Str., Am Steinigt, rechts zur Mühle. Mit Regionalbus R 329 direkt bis vor die Haustür.

▲ Müller Thomas Winkler am Wasserrad der Mühle

Niedermühle Lawalde in der Oberlausitz

Mahlen für die Bäcker und die Brauer

„Glück zu“ wurde den Müllerlehrlingen einst nach der Ausbildung mit auf den Weg gegeben. Der Spruch meint „Komm zurück – wenn du gut warst“. Johannes Ritter, 81, Müllermeister, hat sich diesen Slogan über seine Mühle in Lawalde groß und bunt schreiben lassen. Irgendwie erinnert er sich gern daran. 1953 macht er seinen Meister und führte die Mühle in der dritten Generation weiter. 1899 übernahm der Großvater, die zu einem im 16. Jahrhundert gegründeten Rittergut gehörende Mühle, 1924 der Vater. Und Johannes blieb die Aufgabe, die Mühle nach über 500 Jahren in ein Museumsstück zu überführen. Am 31. Dezember 1989 wurde sie stillgelegt, am 1. Januar 1990 als funktionstüchtiges Denkmal wieder eröffnet. Und der Meister selbst, Johannes Ritter, führt bis heute durch sein Reich. Er glänzt mit Zahlen – dass hier in 24 Stunden drei Tonnen Roggen gemahlen wurden. Schiebt aber gleich einen Müllerspruch hinterher: „Das Müllerleben, das hat Gott gegeben, aber das Mahlen in der Nacht, das hat der Teufel erdacht.“

In seiner kleinen Sammlung von Kuriositäten sieht man Nägel, Betonstückchen, Schraubenschlüssel etc. – das alles fand sich im Getreide. Wäre nur ein Stückchen in das Mahlwerk geraten, nicht nur das Mehl wäre verdorben, sondern es hätte erheblichen Schaden gegeben. Absolut still stand die Mühle am 19. Dezember 1939. Eismassen hatten das Wasserrad zerdrückt. Der Schreck fuhr derart in die Glieder des Müllers, dass daraufhin eine Wasserturbine eingebaut wurde. Für Mühlenromantiker gibt es allerdings doch noch ein hölzernes

Wasserrad der Mühle in Lawalde. Fotos: Hendrik Jattke

Müllermeister Johannes Ritter beim Schärfen der Mahlsteine.

Wasserrad zu besichtigen. Aber 60 Zentimeter schmaler als das ursprüngliche und wohl fürs Mahlen nicht zu gebrauchen, eine attraktive Attrappe. Doch den Touristen gefällts.

Übrigens hat sich Lawalde schon in den 50er-Jahren um Urlauber bemüht. Keine Alltäglichkeit seinerzeit. Damals war Gustav Bayn Fabrikweber, Heimatdichter und Bürgermeister. Er veranstalte Führungen durch den Ort, initiierte das Heimatmuseum, und immerhin erholten sich jährlich zirka 500 Urlauber in diesem idyllischen Fleckchen in der Oberlausitz. Johannes Ritter hatte allerdings damals wohl wenig Sinn für die Erholung Suchenden. Er mahlte und schleppte die 75 Kilosäcke Mehl die schmalen Bäckerstiegen treppauf. Eine Plackerei, die er heute scherzhaft als spezielles Fitnesstrainig abtut. Doch auch hier hilft dem guten Mann ein Spruch: „Viele Verse gibts auf Müllerei, doch weniger auf des Bäckers Brei, der muss sich auf den Müller stützen, sonst bleibt er auf der Hefe sitzen." Übrigens mahlte er nicht nur für die Bäcker, sondern auch für die Brauer. Braugerste war zu DDR-Zeiten gefragt und zudem ein lukratives Geschäft. Für so Wichtiges wie für Brot und Bier verantwortlich zu sein, da kann dem Müller schon die Brust schwellen. Und diese Gewerke halten schon zusammen, wie folgender Spruch besagt: „Ohne Fleiß von Bauer, Müller, Bäcker, Brauer wär's Leben in der Oberlausitz sauer."

Johannes Ritter hat's mit den Sprüchen. Allerdings hat er keinen für eine sprichwörtliche Mühlenplage – die Mäuse und die Ratten. Dick und fett kommen sie mit dem Korn vom Feld oder die Ratten mit dem Fluss. Unvermeidbar, aber bekämpfbar, lautet Ritters Antwort. Neben den mechanischen Mitteln, wie Fallen, den chemischen, wie Giften, trugen die Katzen stets die Hauptlast im Kampf gegen die Mäuse. Fünf solcher Helfer waren meist nachts im Einsatz und schafften ein bis zwei Mäuse täglich. Von denen sie Schwanz und Kopf ihre „Herrschaft" brachten. Den Rest gönnten sie sich als Arbeitslohn. Und dass sie zur Familie gehörten, dafür spricht die Tatsache, dass sie als Zusatzfutter geschmierte Stullen bekamen.

Heute gibt's keine Mäuse mehr und die Katzen kriegen das Futter aus der Dose. Aber Johannes Ritter erzählt's noch gern.

Service

Niedermühle Lawalde
Mühlweg 6
02708 Lawalde

Kontakt: Johannes Ritter
Tel.: 0 35 85/40 48 99
E-Mail: sachsen@muehlen-dgm-ev.de

Besichtigungen:
Sonnabend 13-16 Uhr
Sonntag 9-11 und 14-16 Uhr

Gruppen und Schulklassen nach Vereinbarung auch außerhalb dieser Zeiten

Noch ein Mühlenspruch:
Holz, Eisen, Frucht und Stein
Braucht man zum Müllerhandwerk insgeheim.
Dieses muss der Müller vor allem Dingen
Mit Kunst und Fleiß zusammenbringen.
Und wenn ander Leut möchten ruhen und
Schlafen, so muss der Müller erst recht hart
Schaffen.

Martina Krüger

Sieben Jahre warten auf ein neues Mühlrad

Blick über den Mühlgraben zur Mühle. Fotos: Hendrik Jattke

Ein Griff und Erika Dietrich hat alle wichtigen Papiere. Die sind in einem kleinen Täschchen verstaut. Dies ist sozusagen eine Graupziger Mühlenlehre. 1890 hatte Maximilian Dietrich die Niedermühle am Ketzerbach, eine von 18 Mühlen an diesem kleinen Fluss, gekauft und umgebaut. 1893, das Geschäft entwickelte sich gerade, lief sich nachts ein Lager heiß und innerhalb weniger Minuten ging die Mühle in Flammen auf, in einigen Stunden war alles, was die Großeltern aufgebaut hatten, dahin. Nicht nur das, sämtliche wichtigen Papiere waren mitverbrannt, und so ermahnte die Großmutter Töchter und Schwiegertöchter stets, alles Wichtige griffbereit zu haben.

Und es gibt noch so eine Mühlenepisode. Als Christfried, der heutige 75-jährige Mühlenbesitzer ein kleiner Junge war, fiel er in den schnell fließenden Bach. Dem beherzten Eingreifen eines Pferdekutschers war es zu verdanken, dass nichts passierte. Und aus Christfried wurde ein leidenschaftlicher Müller, der erst zur Wende das Kornmahlen einstellte und noch heute seine glänzende, intakte Mühle für Interessierte gern wieder auf Touren bringt. Auch der fünfjährige Enkel Maximilian, nach dem Großvater und Gründer der Mühle benannt, fiel schon in den Ketzerbach. Erlebte dort sozusagen seine unfreiwillige Mühlentaufe. Ein Schreck für die Großeltern, aber vielleicht auch ein Zeichen, dass in dem Jungen echtes Müllerblut fließt. Soweit die Geschichten, die vielleicht in künftigen Chroniken eine nicht unwesentliche Rolle spielen.

Erzählt wird sicher auch von den langen Schlangen Herbst 1945 vor der Mühle, als die Leute mit kleinen Säckchen vom Ährenlesen kamen und das Wenige gemahlen haben wollten. Es wurde Tag und Nacht gearbeitet. Oder von den vielen Lehrlingen, die hier über die Jahre ausgebildet wurden.

Die Niedermühle Graupzig, am Elbe-Mulde-Wanderweg gelegen, Meißen ist einen Katzensprung entfernt, ist seit 1996 als Technisches Denkmal ausgewiesen und zwar deshalb, weil das gesamte Gehöft als Original und unverfälscht seit 1938 erhalten blieb. Eine Ausnahme gibt es allerdings, die Anlage für das Schüttgetreide. Mit der landwirtschaftlichen Großproduktion kam das Getreide nicht mehr in Säcken, sondern hängerweise.

Besondere Aufmerksamkeit verdient das Mühlrad. Solche eine Mühle zu erhalten, erinnert sich Christfried Dietrich, der zwar 1974 den Betrieb erst übernahm, aber auch schon immer beim Vater mitarbeitete, war nicht einfach. Mit dem Aufbau der industriellen Großmühlen verschwand nicht nur das Handwerk, sondern auch die Mühlenbaufirmen. Aber Vater Kurt und Sohn Christfried wussten sich stets zu helfen. Das Mühlenrad flickten sie, so gut es ging, aber irgendwann musste ein neues her. Aber woher? Endlich fanden sie einen Mühlenradbauer. Der war willig, hatte aber entweder kein Material oder keine Zeit. Geschlagene sieben Jahren dauerte es, bis das neue Rad fertig war. Eine Turbine, nein, das wäre nichts gewesen. Auch in anderer Hinsicht blieb Christfried Dietrich der Tradition treu.

Oft wollte man ihn überreden, statt Roggen und Weizen doch Braugerste zu vermahlen.

Es wäre ein lukratives Geschäft gewesen, fürs „Radeberger" zu arbeiten. Doch Dietrichs lehnten ab, das macht ein Müller nicht, der mahlt für den Bäcker. Die Bäckereigenossenschaft stellt sich damals hinter „ihren" Müller. Obwohl er die Buckelei, die schmalen Stiegen hinauf, so manches Mal verfluchte. Bis nach Lommatzsch fuhr er sein Mehl. Ein malerischer Ort mit der schönen Wenzelskirche, deren besonderes Kennzeichen es ist, dass sie drei Türme hat. Auch nach Leuben-Schleinitz ging es natürlich. Sein Großvater belieferte bestimmt auch die Bäckerei der ehemaligen Landadligen dort mit Mehl.

Noch heute ist das Schloss Schleinitz eine Augenweide. Seit 1994 kann man dort übrigens auch übernachten und ein gutes Mahl genießen. Und wer nicht soviel Zeit hat, sollte sich wenigstens ein paar Äpfel von dort mitnehmen, die gibt es direkt vom Bauern.

Übrigens: Auch den Weg zu Dietrichs Mühle säumen herrliche Obstbäume. Die Brücke kurz vor der Mühle ist neu. 2002 wurde die alte vom Hochwasser mitgerissen. Zwei Tage war die Mühle eine Insel im Wasser des Ketzerbachs, der eigentlich ein schmales Flüsschen ist. *Martina Krüger*

Service

Niedermühle Graupzig
01623 Leuben-Schleinitz
OT Graupzig

Kontakt: Christfried Dietrich
Tel.: 03 52 46/5 02 14
E-Mail: sachsen@muehlen-dgm-ev.de

Führungen nach vorheriger Anmeldung

Müller Christfried Dietrich auf dem Walzenboden der Mühle.

Lehmannmühle Klipphausen

Lehmanns Erbe

Es ist die perfekte Kulisse für einen Heimatfilm. Das Haus des Müllers, flankiert von der Scheune und einem Nebengebäude, das einst als Ausgedinge diente. Strenges Schwarz und Weiß vermitteln den Eindruck von Frische und Sauberkeit. Schwarz die Balken im Fachwerk, Schwelle, Riegel, Ständer und Streben, weiß die aus Lehm gestampften Wände. Alles erneuert in den vergangenen fünfzehn Jahren. Selbst die einfache Holztafel über der Haustür wirkt wie gestern erst angebracht: „Mühle u. Brotbäckerei Max Lehmann“. Komplettiert wird die Idylle durch eine Linde, nein, d i e Linde. „Sie ist mindestens 450 Jahre alt und vermutlich beim Bau der ersten Mühle gepflanzt worden“, sagt Thomas Kunz, zusammen mit seiner Frau Claudia heute Eigentümer des Anwesens. Um die Linde zu umfassen, sind schon einige Leute nötig. Mit rund neun Meter Umfang zählt sie zu den zehn mächtigsten Bäumen in Sachsen.

Als Thomas und Claudia Kunz im Dezember 1988 zum ersten Mal nach Klipphausen bei Wilsdruff kamen, sah die Lehmannmühle durchaus nicht so einladend aus. Aber als angehende Bauingenieure ahnten sie, was sich daraus machen lässt. Beide hatten sich schon im Kulturbund der DDR für den Erhalt technischer Denkmale engagiert. Beide träumten davon, einmal im Turm einer Windmühle zu leben. Plötzlich war die Wassermühle im Saubachtal vakant. Eine

Die Außenanlage ist ein Augenweide für Mühlenfans. Der Mühlgraben führt vor der Haustür vorbei und treibt ein oberschlächtiges Wasserrad an. Eine uralte Linde sorgt für Mühlenromantik. Fotos: Andreas Judefeind

Blick ins Innere der Mühle mit zahlreichen Zeugnissen alter Mühlentechnik.

Erbengemeinschaft bot sie an. Die Kunzes schlugen zu, „obwohl es für uns Noch-Studenten an der TU Dresden viel Geld war, was wir bezahlen mussten", Mitte 1989. Von Stund an beschäftigten sich die beiden nur noch mit der Mühle und – bis ins Folgejahr hinein – mit dem Diplom. Ihnen war bewusst, dass sie ein „Objekt" erworben hatten, das auf der Denkmalliste des Bezirkes Dresden stand. Genaue Untersuchungen ergaben: Das Holz für den Schwellbalken der Mühle ist 1649 gefällt worden. Weil Klipphausen nachweislich 1528 „bei zwei Mühlen" gegründet wurde und die Linde so alt ist, vermutet Kunz, dass die Lehmannmühle schon zu dieser Zeit existiert hat. Allerdings noch ohne Lehmanns. Die haben erst 1781 das Anwesen übernommen und 200 Jahre lang geprägt – bis hin zum Namen. Die Lehmanns waren gleichzeitig Bauern, Müller und Bäcker. Ihr Mühlenbrot, das ist verbürgt, schickten sie mit dem Einspänner zum Markt ins sechs, sieben Kilometer entfernte Wilsdruff. Es fand dort bis in die 20er-Jahre des 20. Jahrhunderts dank der guten Qualität reißenden Absatz – sehr zum Missfallen der kleinstädtischen Bäcker.

Die letzten männlichen Lehmanns sind im Zweiten Weltkrieg geblieben. Eine Tochter führte den Mühlenbetrieb recht und schlecht weiter, bis Familie Kunz das Erbe der Lehmanns antrat. Sie hat u. a. das oberschlächtige Wasserrad von 3,20 Meter Durchmesser und 1,25 Meter Breite komplett erneuern lassen.

Über ein Streichwehr kommt das Wasser der Wilden Sau über einen 200 Meter langen Mühlgraben ins ständig laufende Rad, denn es treibt einen Generator an, der Elektroenergie für Haus und Hof liefert. Am Mühlentag oder bei längerfristiger Voranmeldung lässt sich in einem kleinen Museum besichtigen, was von der mit einer Tonne am Tag buchstäblich nur kleingewerblichen Mehlproduktion übrig geblieben ist: hölzerner Mahlgang, Doppelwalzenstuhl und jede Menge Mühleninventar. Wanderer durchs Saubachtal aber können zu jeder Zeit einen Blick auf die Mühle werfen, die ländliche Idylle schlechthin.

Gottfried Walsch

Service

Lehmannmühle Klipphausen
Am Mühlgraben 1
01665 Klipphausen

Kontakt: Thomas Kunz
Tel.: 03 52 04/4 84 84
E-Mail: lehmannmuehle-klipphausen@t-online.de

Zugl. Geschäftsstelle Sächsischer Landesverein für Mühlenerhaltung und Mühlenkunde.

Anreise: *Per PKW über die A 4 bis AS Wilsdruff, Klipphausen. Per Bus ab Meißen oder Wilsdruff.*

Weitere Ziele: *Schlösser Scharfenberg und Batzdorf, Kapelle in Sachsdorf, Kirche in Röhrsdorf, Wanderung im Saubachtal*

Die Turmholländerwindmühle Pahrenz

Aus dem Leben eines Müllers

Die Turmholländermühle in Pahrenz hat eine drehbare Turmhaube und dreht ihre eisernen Windmühlenflügel automatisch in die richtige Richtung. Die Mühle befindet sich auf einem kleinen Hügel und ist weithin zu sehen. Fotos: Andreas Judefeind

Schon von weitem sieht man die Turmholländerwindmühle Pahrenz in der Gemeinde Hirschstein (Landkreis Riesa-Großenhain) an der Bundesstraße 6 von Dresden nach Leipzig, zwischen Meißen und Oschatz.

Das technische Denkmal steht auf dem 141,5 Meter hohen Windmühlenberg am Westausgang des Ortes Pahrenz und wurde in der jetzigen Gestalt 1889 erbaut. Bereits 1850 hatte es dort eine hölzerne Bockwindmühle gegeben, die jedoch 1864 einem Brand zum Opfer fiel. Schon im Jahr 1865 wurde eine Holzholländerwindmühle errichtet, die dann durch eine Mühle in massiver Steinbauweise ersetzt wurde. Die Windmühle ist seit vier Generationen im Besitz der Familie Jenichen. Der letzte Müllermeister von Pahrenz, Gerhard Jenichen (1921–1999), hat seine Lebenserinnerungen aufgeschrieben. Sachlich, wie es die Art der Müller ist, erzählt er von wichtigen Stationen in der jüngeren Geschichte der Mühle, doch hinter den nüchternen technischen Begriffen und Beschreibungen wird deutlich, wie hart und anspruchsvoll das Leben eines Müllers war – zumal in den Jahren nach dem Krieg und in den Mängelzeiten des DDR-Sozialismus. Gerhard Jenichens Erinnerungen sind ein beeindruckendes Zeugnis aus dem Leben eines Müllers.

Hier einige Auszüge: „Nachdem der Krieg schon fast über standen war, lag an den letzten Kriegstagen die Windmühle noch unter Beschuß. Das Rutenkreuz, das Dach und sämtliche Fenster waren zerschossen. Etwa 10 Granaten gingen auf die Mühle und die Nebengebäude nieder. Anfang August 1945 begann der Mühlenbetrieb wieder unter

Zuhilfenahme eines Elektromotors, vorausgesetzt es war Strom vorhanden. Es begann mit einigen anfänglichen Pannen. Am 8. August 1945 schlug der Blitz in die Mühle ein, wodurch eine Rute zerstört wurde. Die Ruten waren aus Pitchpine (Pechkiefer) gefertigt, welches sich sehr leicht in Längsrichtung spaltet. So mußte ich an ein neues Rutenkreuz denken. Ich bestellte bei einem Holzhändler im Erzgebirge 4 Lärchenstämme für den Flügelbau. Leider wurde nichts daraus, so daß ich zur Metallbauweise überging. Ich bestellte in Leipzig Bilausche Ventikanten. Anfang Dezember 1947 wurden diese geliefert und noch im selben Monat angebaut. Es wurden 24-er Bruststücke genommen und an den alten Wellkopf und die alte hölzerne Rutenwelle gebaut."

„Zu Beginn des Jahres 1948 lief dann das Ventikantenkreuz im Wind. Aber Ende Januar 1948 brach eine Rute ab. Die 24-er Bruststücke waren zu schwach. Das Rutenkreuz mußte auf 26-er Bruststücke umgestellt werden, somit mußte ein neuer 26-er Wellkopf und eine eiserne Rutenwelle gegossen werden. Als Grundlage für diesen Umbau mußte der ganze Dachstuhl erneuert und verstärkt werden. Die Rollbahn wurde auf das Mauerwerk aufgesetzt und darüber ein neuer Holzkranz gezimmert. Die Vordrehung durch die Windrose wurde auf Kettenübertragung umgestellt. Die Bruststücke wurden am Wellkopf mit Kesselblech verstärkt. Die Spitzen waren alle noch ganz und mußten nur an die Bruststücke angeschraubt werden. Die Rollbahn wurde teils mit neuen Kugeln und einer neuen Führungsschiene versehen. Der alte hölzerne Bonkel und die Königswelle wurden auch heraus genommen, um den gesamten Windantrieb in Stahlbauweise auszuführen."

„Ende 1948 lief das Flügelkreuz endlich im Wind. Durch einen Generator wurde

Im Inneren sind die zahlreichen Maschinen für die Besucher zugänglich und mit Schrifttafeln erkärt. Friedrich Jenichen ist der Sohn des letzten Müllers und kümmert sich aufopferungsvoll um den Erhalt des technischen Denkmals.

auch der notwendige Lichtstrom erzeugt. Zu dieser Zeit gab es sehr viele Stromabschaltungen. Über Windstärke 10 mußten die Flügel angehalten werden, da es in der Mühle meist unheimlich wurde. Bei orkanartigen Stürmen drehte das Flügelkreuz auch unter Belastung durch das Bremsband durch. Nur durch Erhöhung der Bremskraft konnte die Mühle wieder angehalten werden. Dazu mußte man sich auf den Bremsbalken stellen. Fast immer lief die Mühle bei ca. 3 t Leistung bis zum April 1960. Dann kam der Sozialismus in die Dörfer und alles Private wurde nach und nach beseitigt. Weil ich nicht in die LPG ging, durfte kein Mitglied mehr in meine Mühle fahren. Erst ab 1965 wurde das Verbot aufgehoben. Von diesem Zeitpunkt an konnte ich jede Menge Futterschrot für die LPG's herstellen."

„Im Juni 1967 wurde die Windmühle mit neuem Außenputz versehen, da die Kriegsschäden noch nicht beseitigt waren. Durch das Kreisbauamt in Riesa wurde ein Baubetrieb beauftragt. Die PGH Stauchitz bekam den Auftrag. Ein Gerüst aus Holz wurde gestellt und der alte Putz in Eigenleistung abgeschlagen. Dies war eine Bedingung des Bauamtes, um die Maßnahme genehmigt zu bekommen. Das Gerüststellen, Verputzen und das Baumaterial kosteten damals 5.000,00 DM. Das Streichen des Daches und der Flügel wurde aller fünf Jahre ebenfalls in Eigenleistung ausgeführt."

„Nun kam die Zeit, wo an die 100-Jahr-Feier der Windmühle im Jahr 1989 gedacht wurde. Aus diesem Grund begannen wir Anfang 1986 mit der Reparatur der Flügel. Leider waren diese so schlecht geworden, daß fast alle Flügelteile erneuert werden mußten. Mit finanzieller Unterstützung des Denkmalschutzes wurden ein Großteil der Montagearbeiten durch Hobbybergsteiger in Feierabendtätigkeit ausgeführt. Alle Blechteile, Dach und Ruten wurden 3 mal mit einem neuen Farbanstrich von den Bergsteigern versehen. Im Frühjahr 1989 gestalteten die Gemeinde Prausitz, der Dorfklub, die POS, die LPG Prausitz und unsere Familie gemeinsam das 100-jährige Mühlenjubiläum. Durch das Zusammenwirken aller Beteiligten war es ein gelungenes Fest, welches von mehreren tausend Gästen besucht wurde."

Heute ist die Windmühle noch immer funktionstüchtig. Sie kann auf Anfrage und am Deutschen Mühlentag besichtigt werden. Es gibt ein Mühlenmuseum.

Matthias Zwarg

Service

Turmholländerwindmühle Pahrenz
Windmühlenstraße 44
01594 Hirschstein, OT Pahrenz

Kontakt: Falk Jenichen
Tel.: 03 52 66/8 21 29
Friedrich Jenichen
Tel.: 03 52 66/8 23 11
E-Mail:
kontakt@windmuehle-pahrenz.de
www.muehlen-museum.de

Max-Bähr-Mühle Bad Gottleuba

Mühlenromantik im Tal

Klaus-Dieter Mäke hat in die Mühlendynastie in fünfter Generation eingeheiratet und pflegt mit Begeisterung die betagte Technik. Stolz ist er auf die großzügige Bauweise mit viel Freiraum wie hier an den Walzenstühlen.
Fotos: Andreas Judefeind

Die Max-Bähr-Mühle ist die einzige noch funktionstüchtige Getreide- und Sägemühle in der romantischen Landschaft des Gottleubatals. Sie befindet sich unmittelbar an Wanderwegen zur nahe gelegenen Talsperre der Stadt Bad Gottleuba, nur 300 Meter vom Markt entfernt.

Die Mühle wurde 1388 das erste Mal urkundlich erwähnt und gehörte bis 1486 zum Hammergut Haselberg. Im Jahre 1867 wurde die Mühle von Müllermeister Hänsel, einem Vorfahren der jetzigen Eigentümer, erworben. 1895 heiratete Max Bähr in die Familie Hänsel ein und übernahm den Mühlenbetrieb. Bis zum Jahre 1907 war sie unter dem Namen Hänselmühle bekannt. 1908 ließ Max Bähr die Mühle, die er 1895 übernommen hatte, modernisieren. Aber nicht nur die Mühlentechnik, auch Mühlengebäude und Wohnhaus wurden völlig umgebaut. 1914 baute man sogar eine eigene Trinkwasserversorgung. Zu dieser Zeit entstand auch der Brunnen, der sich noch heute am Wohnhaus befindet.

Nach dem schlimmen Hochwasser von 1927 wurde das Wohnhaus teilweise neu aufgebaut. Statt der Scheune entstand der sogenannte Neubau mit seinem markanten Übergang zur Mahlmühle. 1960 wurde die seit 1908 betriebene Brotbäckerei aus wirtschaftlichen Gründen eingestellt. Leider ist von der ehemaligen Backstube kaum noch etwas vorhanden.

Im Zuge der Verstaatlichungswelle wurde der gesamte Betrieb 1972 verstaatlicht und 1973 unter VEB-Regie die Mehlproduktion eingestellt. Danach wurden die Gebäude als LPG-Bauhof sowie Saatgutlager genutzt. Nach der Wende 1990 bekamen die Alteigentümer das Grundstück und die Gebäude zurück. Bis 1996 wurde ein Teil als städtischer Bauhof genutzt.

Die heutige Eigentümerin ist Nora Mäke, die Urenkelin des damaligen Mühlenbesitzers Max Bähr. Das Ensemble von Mühlengebäude, Wohn- und Lagerhaus sowie Schneidemühle und deren Erhaltungszustand sind in der Region einzigartig.

Matthias Zwarg

Service

Max-Bähr-Mühle Bad Gottleuba
Talstraße 5
01816 Bad Gottleuba

Kontakt: Nora Mäke
Tel.: 03 50 23/6 92 87, -6 97 89
E-Mail: info@baehr-muehle.de
www.baehr-muehle.de

Führungen sind nach Absprache jederzeit möglich

Öffnungszeiten:
Jeden ersten Sonntag im Monat
10–12 Uhr, 14–16 Uhr
mit Führungen und Schausägen

In der Max-Bähr-Mühle stehen zwei Ferienwohnungen zur Verfügung.

Mühle und Bäckerei Bärenhecke

Die ganze Getreide-Geschichte unter einem Dach

Dass es in einer Gemeinde mehr Arbeitsplätze gibt als Einwohner, ist in Ostsachsen selten. Erst recht einmalig dürfte sein, dass eine Mühle samt Bäckerei der Großarbeitgeber ist. Und doch trifft dies die Situation in Bärenhecke, einem Ortsteil der Stadt Glashütte. Gerade mal 60 Menschen leben dort. „Und wir haben doppelt so viele Mitarbeiter“, berichtet Gerald Seifert. Er ist Vorstandschef der Mühle und Bäckerei Bärenhecke, Deutschlands ältester Raiffeisengenossenschaft eG.

Das Bauwerk dominiert die bescheidene Siedlung Bärenhecke nicht nur größenmäßig. Es ist auch ein Touristenmagnet. Und das hat mehrere Gründe. Da wäre zum einen die 1898 eingeweihte Mühle, in der heute noch mit zum Großteil musealer Mahltechnik das Getreide der regionalen Bauern gemahlen wird und in der allerhand Führungen und Veranstaltungen stattfinden. Unikat ist Seifert zufolge aber ebenso, dass das Mehl gleich vor Ort in der hauseigenen Bäckerei und Konditorei zu 700 verschiedenen Produkten verarbeitet wird. Vom Korn zum Kuchen, zum Keks oder zum Brot: Die ganze Getreide-Karriere unter einem Dach lockt Schaulustige und Kunden auch aus ferneren Regionen.

Der Mühlen-Bäckerei-Komplex als Wirtschaftfaktor. Damit blieb die Raiffeisengenossenschaft ihrer Tradition treu. Immerhin brachten schon die Gründer, 26 arme Bauern aus dem Landstrich, mit ihrem Engagement bescheidenen Wohlstand in den abgelegenen Zipfel. Sie hatten es satt, vom Ertrag ihrer Feldarbeit nur wenig abzubekommen und nahmen vor mehr als einhundert Jahren das Mahlen und Backen selbst in die Hand. Heute profitieren noch deren Enkel von den Dividenden.

Dabei schien mehr als einmal das Ende von Mühle und Bäckerei besiegelt. Im Zweiten Weltkrieg etwa legten anglo-amerikanische Bomber den Komplex, in dem Rüstungsindustrie vermutet worden war, in Schutt und Asche. Immer wieder zerstörten auch die Fluten der Müglitz die Anlagen, die letzte Hochwasserkatastrophe im August 2002 bescherte eine Million Euro Schaden.

Leckereien vom Mühlenbäcker – die Mühle in Bärenhecke arbeitet noch immer. Fotos: W. H. Schmidt

Doch stets gelang es, die Mahlwerke wieder in Gang zu setzen und die Öfen zu reparieren. Auch das Müglitzwasser wird noch immer zur Energieerzeugung genutzt. „Das Gros des Stroms“, so Seifert, „beziehen wir aber aus dem Netz.“

Außergewöhnlich in der Mühle ist vor allem, dass ein Großteil der robusten, alten Technik noch immer perfekt funktioniert. Fünf Etagen, oder besser fünf Mühlenböden voller Raritäten: Laut Seifert gibt es so was nirgendwo anders mehr zu sehen. Er schwärmt von den fast 90 Jahre alten Walzenstühlen auf dem dritten Boden, erklärt die Bunkerbefüllung, fachsimpelt über die Mehlschleuse und erklärt die Funktionsweise von Plansichtern. Auf dem Weg zum feinen Mehl zirkulierten pro Jahr rund 1500 Tonnen Roggen und 1300 Tonnen Weizen mehrfach durch die fünf Mühlenetagen. Ein spektakuläres technisches Denkmal, das allein zum Deutschen Mühlentag zwischen 8000 und 9000 Besucher anlockt.

Samira Sachse

Service

Mühle und Bäckerei Bärenhecke
Raiffeisengenossenschaft e.G.
Bärenhecker Straße 90
01766 Bärenhecke

Kontakt: Vorstandvorsitzender
G. Seifert
Tel.: 03 50 53/41 30
Fax: 03 50 53/4 13 17
Vorsitzender des Fördervereins
G. Hanzsch
Tel.: 03 50 53/2 52 14
E-Mail: Muehlenverein@baeckerei-baerenhecke.de
www.baeckerei-baerenhecke.de

Führungen finden anlässlich des Deutschen Mühlentages und auf Anfrage statt.

Mühle Colmnitz

Ein Ort der Hoffnung

Im Volksmund heißt sie noch Werthschütz-Mühle. Sie steht in Colmnitz zwischen Freiberg und Dippoldiswalde noch in der Nähe des geografischen Mittelpunktes Sachsens. Einst fuhren Autos und Gespanne zu ihr nach Mehl und Brot. Nun ist es stiller um sie geworden. Im Tal des Colmnitzbaches steht sie ein bisschen versteckt. Nicht weit von hier soll im 17. Jahrhundert Lips Tullian mit 80 Kumpanen im Tharandter Wald sein räuberisches Unwesen getrieben haben. Stracoland gibt es in Colmnitz – das Land der gedrechselten bunten Blumenkinder – und das 1846 erbaute Weidegut, ein Hof mit agrarhistorischer Bedeutung, der sich zu einem kulturellen Zentrum entwickelt. Die Talsperre Klingenberg in der Nähe verrät den Wasserreichtum an Bächen und damit an Mühlen. Beinahe ein Dutzend gab es allein in Colmnitz. Es klapperten die Mühlen am rauschenden Bach …

Einst staute der Müller der Mühle nachts das Wasser im Mühlgraben, damit es tags voller Kraft das Wasserrad antreiben konnte. Unter der Mühle hinweg lief es weiter abwärts wieder in den Bach. Im Mühlgraben züchtete der Müller noch Fische zum Braten und Kochen. Ein Müller weiß immer jede Chance zu nutzen. Er kann tauschen. Brot braucht jeder. Wenn er nicht vom Mehl spricht, redet er von vollen Säcken. Die Arbeit eines Müllers ist hart. Volle Mehlsäcke sind keine Luftballons. Jetzt wird in der Colmnitzer Mühle nur noch montags in der Früh bis nachmittags gearbeitet, Getreide in die Bunker gefüllt. Um die Einschüttstelle liegen Reste von Körnern – ein Festplatz für Vogelscharen.

Montags also rumort und lärmt es in dem hoch aufgerichteten Mühlengebäude. Früher wurden 100 Tonnen verarbeitet, heute nur noch zehn. Außer dem Erdgeschoss gibt es zwei Etagen. Ganz oben unter dem Schrägdach des Altbaues wohnten einst die Gesellen und Lehrlinge. Über einen robusten Transmissionsfahrstuhl wurden damals die Säcke nach oben gebracht. Es gehörte fast artistisches Können dazu, den Fahrstuhl besonders

Die Mühle in Colmnitz hat sich stets den Zeiten angeglichen. Der außergewöhnlich hohe Anbau entstand vor dem Zweiten Weltkrieg und ist bis heute noch in Betrieb. Fotos: Andreas Judefeind

Der 88-jährige Gerhard Werthschütz (li.) war vor der Agrargenossenschaft der letzte Besitzer und kann viel über seine Mühle erzählen. Einst wurde hier Mehl produziert und in einer angeschlossenen Bäckerei verwertet. Heute schaltet Peter Jung nur noch gelegentlich die zwei verbliebenen Schlagmühlen zum Schroten ein.

abwärts zu steuern. Kopf und Kragen konnte das kosten. Nur der Müller beherrschte die Technik. In Glanzzeiten wurden außer Mehl auch Haferflocken gequetscht und aus Gerste Gräupchen hergestellt. Im Inneren der Mühle ist ein Labyrinth aus Rohren und Riemenverbindungen vom Erdgeschoss bis in die zweite Etage. Mehlstaub bedeckt die Böden und Holztreppen wie Raureif. In den Röhren sind Förderschnecken und Elevatoren, die das Getreide entweder schräg oder senkrecht aus den Bunkern nach oben bringen. Dann fällt es im Mahlvorhang durch Leinenschläuche und Trichter wieder nach unten. Den geheimnisvollen Weg kennt nur der Müller. Heute läuft das Korn nur noch durch ins Erdgeschoss und wird dann zu Schrot gemahlen zum Verfüttern an das Vieh. Das Menü heißt: Hafer im Walzenstuhl gequetscht für Pferde und Kälber. Getreideschrot für Rinder als Beigabe zur Maissilage. Körner und Schrot für das Vieh auch der Kleintierhalter. Die Werthschütz-Mühle gehört jetzt der Colmnitzer Agrargenossenschaft als Mischfutterbetrieb. Es ist der Genossenschaft zu verdanken, dass sie noch arbeitet. In vergangenen Zeiten gab sie den Menschen Brot. Sie hat ein bewegtes Leben hinter sich. Wann sie erbaut wurde, ist nicht bekannt.

1922 kaufte Arthur Werthschütz eine Mühle in Colmnitz. Unter ihrem Strohdach wurde Korn zu Schrot gemahlen, wurden Bretter gesägt. Es war eine unruhige Zeit. Das Geld war dünn geworden.1923 hatte eine Goldmark den Wert von 1 Billion Papiermark. Unternehmen waren gefährdet, Spekulationen im Gange. Holzmehl hatte Arthur Werthschütz mit Sicherheit nicht

Dr. Friedhart Werthschütz zeigt ein Ölbild der alten Mühle. Erhalten ist nur das Gebäude im linken Bildteil, im Foto ebenfalls links. Der außergewöhnlich hohe Anbau, rechts entstand vor dem Zweiten Weltkrieg und ist bis heute in Betrieb.

unter das Geschrotene gemischt. Denn er gab das Sägen der Bretter auf und konzentrierte sich auf das Mahlen von Schrot und die Herstellung von Mehl. Der Absatz des Mehles ging schleppend. Aber Arthur Werthschütz war ein findiger Mann. Zuerst riss er das Strohdach ab und baute sich ein festes über den Kopf. Den Meisterbrief als Bäcker hatte er in der Tasche. Also richtete er eine Bäckerei in der Mühle ein. Wer aus dem eigenen Mehl gutes Brot bäckt – das spricht sich schnell herum. Aus allen Gegenden kamen die Kunden. Der Umsatz stieg sprunghaft. Arthur Werthschütz ließ weitere Fundamente an die Mühle setzen. Es baut sich hoffnungsvoll, wenn ein Sohn da ist. Es sinkt die Hoffnung, wenn Krieg ist. Der Sohn Gerhard wird dort hineingezogen. Als er 1946 zum Glück heil aus englischer Kriegsgefangenschaft zurückkehrt, sieht er schon vom Zug aus den stillgelegten Ausbau der Mühle. Der Vater wusste nicht, ob der Sohn wiederkehrt. Mit dem Blick vom Zug aus begann Gerhard Werthschütz seine Zukunft zu bauen. Er ließ die halbfertigen Wände vollenden, erneuerte den Maschinenpark, vertraute der Bäckerei. Der Erfolg und die Not gaben ihm Recht. Bald lieferte er Mehl ins Umfeld bis nach Freital. Durch Kohlemangel konnten viele Bäckereien in der Gegend nicht mehr bestehen. Sie ließen in der Werthschütz-Mühle backen, holten ihr Brot zum Verkauf von dort. Aus allen Ecken kamen die Menschen erneut zur Mühle. Diesmal trieb sie der Hunger. Russische Soldaten, Flüchtlinge und Gefangene, Einheimische. Nicht jeder hatte Geld und Gutscheine. Wie sollte man Leute wieder wegschicken, die man doch aus der Nachbarschaft gut kannte? Einer hat das Brot und der andere den Hunger. Und der das Brot hatte, musste in dieser schweren Nachkriegszeit auch noch gerecht sein.

Zur alten Colmnitzer Werthschütz-Mühle gingen damals mehr Menschen mit Hoffnungen als in die Kirche. Sie war ein hell leuchtender Stern im Dunkeln. Jetzt schimmert er nur noch und gibt denen Gesprächsstoff, die jene Zeit erlebt haben. Ein Schrotbrot damals war ein Notbrot. Heute ist es eine Delikatesse, die wir uns gelegentlich als interessante Zugabe leisten. Die Werthschütz-Mühle musste zur DDR-Zeit immer mehr zurückstecken durch eingeführte Kontingentierung und das Fördern volkseigener Großmühlen. Sie, die einst Hungernden gab, wurde nun langsam ausgehungert auch durch folgende Situation: Das Aus für die Mehlproduktion kam durch verunreinigtes Wasser im Colmnitzbach und im Mühlgraben. Unterschiedliche Abwässer flossen dort hinein, unter anderem auch durch eine Molkerei im Nachbarort. Der Geruch zog zu stark in die Mühle. Aber 1974 war sie noch voll ausgelastet zum Herstellen von Mischfutter.

Der Müller Gerhard Werthschütz wohnt gegenüber. Er ist 88 Jahre alt. Wenn er zur Mühle schaut, sieht er auf sein Werk und das seines Vaters, erkennt er ein Stück Geschichte. Das alte Wasserrad ist längst verschwunden. Die Romantik wich der Elektrizität. Den Geruch frisch gebackenen Brotes muss sich jeder selber denken. Und zwei alte Gebäude des ehemals vierteiligen Mühlenkomplexes mussten 2000 abgerissen werden. Nur das hohe Mühlenhaus, außer der Kirche der höchste Bau im Ort und so fast einem Turm gleichend, steht noch und zeugt mit seiner Verladerampe von einstiger Geschäftigkeit. Jenseits davon ist der unbrauchbar gewordene Mühlstein in eine Mauer gesetzt und erzählt vom Fortgang allen Lebens und doch auch von dessen Dauer in der Erinnerung.

Wolfgang Eckert

Service

Werthschütz-Mühle Colmnitz
Mühlenweg 30
01738 Colmnitz

Weicheltmühle Reichenau

Die Mühle am Gimmlitzbach

In der Küche brutzelt der Wildbraten und die Kartoffeln kochen. Draußen räkelt sich ein Kätzchen in der Sonne. Das Flüsschen Gimmlitz plätschert fröhlich am Haus vorbei. Und rundherum Wald- und Wiesenidylle. Keine Hektik, kein Autolärm. Wer das Technische Denkmal Weicheltmühle samt Gaststätte und Pension im osterzgebirgischen Reichenau besucht, fühlt sich schnell in vergangene Zeiten versetzt. Jeden Moment, so scheint es, wird ein Bauer mit einer Fuhre Getreide um die Ecke biegen. Er wird rasten, das Mahlwerk in der Mühle wird derweil gestartet. Und – rattam, rattam – zaubert der Müller aus Korn Schrot oder helles Mehl.

„In der Tat ist die Mühle noch funktionsfähig", berichtet Jürgen Bretschneider. Zum Beweis nimmt er die Anlage, die gleichwohl nur in ganz wenigen Teilen noch im Urzustand des Baujahres 1807 besteht, in Betrieb. Er leitet Wasser auf das 4,50 Meter große Mühlrad, erst wenig, dann mehr. Geräusche wie die einer Dampflok dringen ins Mühleninnere. Von wegen „Es klappert die Mühle am rauschenden Bach". Bretschneiders Mühle schnauft.

Das Kammrad rotiert, treibt die zehn Stampfer an. Das Mahlwerk, erzählt Bretschneider, sei 1898 durch ein Stampfwerk ersetzt worden. Der damalige Müller habe jedoch den Umbau in eine Ölmühle nie vollendet. Als die Mühle 1901 in den Besitz der Gründerfamilie Weichelt zurückkehrte, wurde das Futterstampfen zum Haupteinsatzzweck. Immerhin bis 1957 sei das Mühlenanwesen bewirtschaftet worden. Ende der Siebzigerjahre des vorigen Jahrhunderts

Einladender Blick auf die Weicheltmühle. Fotos: Hendrik Jattke

übernahm die Gemeinde schließlich die mittlerweile unter Denkmalschutz gestellte Mühle, eine Gaststätte wurde eingerichtet und verpachtet. Touristen entdeckten das Mühlenidyll.

„1990 haben wir die Mühle zunächst gepachtet", erzählt Bretschneider, „und seit 1999 gehört sie uns." Zusammen mit seiner Frau, einer gelernten Köchin, habe er sich hier eine neue Existenz aufgebaut. „Ganz früher habe ich meinem Großvater begleitet, wenn er Getreide zum Mahlen hierher brachte", erzählt er, „heute bin ich quasi selbst der Müller." Was allerdings nicht ganz richtig ist, denn die Bretschneiders verdienen ihren Lebensunterhalt mit der kleinen Gaststätte und der Pension im Mühlenhaus. Das Technische Denkmal wiederum ist eher Bretschneiders Hobby. Wenn Gäste kommen und die altehrwürdige Anlage in Aktion erleben wollen, führt er die Mühle vor. Und er hält sie mit viel Mühe und reichlich Geld instand. Als das riesige Wasserrad 2002 beim Hochwasser kaputt ging, sorgte er für Ersatz. Eine teure Angelegenheit. „Vor 200 Jahren kostete so ein Teil etwa 800 Reichsmark, 1977 mussten 8000 DDR-Mark berappt werden und jetzt ist das Rad so teuer wie ein Mittelklasse-Pkw", erzählt er. Die Entscheidung für die Mühle haben er und seine Frau Ingrid aber keineswegs bereut. „Es gefällt uns hier", sagt er, „und meine Frau hat sich sogar daran gewöhnt, dass sie wegen der hohen Bäume nicht mehr so in der Sonne wohnt wie früher."

Samira Sachse

▲ Im Vordergrund sind Teile des alten Wasserrades zu sehen, welches 2004 durch das im Hintergrund zu sehende ersetzt wurde.

◄ Inhaber Jürgen Bretschneider zeigt eine Schaufel mit Knochenmehl. Die Wasserkraft wurde auch zum Antrieb der Daumenwelle genutzt, welche eine Knochenstampfe antrieb.

Walzenstuhl im Museum der Mühle.

Service

Weicheltmühle Reichenau
Gimmlitztal 42
01762 Reichenau

Kontakt: Familie Bretschneider
Tel.: 03 73 26/12 35
E-Mail: sachsen@muehlen-dgm-ev.de

Führungen finden auf Anfrage und zum Deutschen Mühlentag statt.

Windmühle Reichstädt

Die kleinste Windmühle Sachsens

Die Herren kommen und die Herren gehen, aber die Windmühlenflügel drehen sich. Nur manchmal, wenn die Herren es so wollen, dann drehen sie sich nicht. Ungewöhnlich genug, diese kleine Windmühle oben im Erzgebirge, die kleinste und höchstgelegene in Sachsen.

1850 ließ sich Bauer Zönnchen in Reichstädt eine Holländerwindmühle bauen. Zönnchen besaß das Fohlengut am Ende des langen Dorfes, oben auf der Höhe, wo es zu wenig Wasser für eine Wassermühle gab, deren das Dorf sieben besaß. Aber um das Mahlgeld war es ihm schade. Konnten es nicht die Müller unten im Dorf ganz nach Gutdünken festlegen? Immer waren die Zeiten schlecht. Mal war die Ernte zu gut, mal zu schlecht – und immer musste sie als Begründung für einen höheren Mahlpreis herhalten. „Hilf dir selbst, dann hilft dir Gott", mag sich Bauer Zönnchen gesagt haben, und ließ sich, belacht von den Dörflern, seine Windmühle bauen. Vier Flügel, die sich knarrend im Wind drehten, ein Schrotgang, das reichte für sein Getreide.

33 Jahre lang drehten sich die Flügel, dann wurde das Mahlen verboten. Die Pferde der

Am Dorfrand von Reichstädt steht die kleinste Windmühle Sachsens. Foto: W. H. Schmidt

Nachbarn hätten gescheut vom Klappern der Mühle, hieß es, aber vielleicht war die private Konkurrenz auch den andern Müllern ein Dorn im Auge und eine Lücke im Geldbeutel, zumal das Fohlengut 1885 an die von Schönbergs ging, die die winzige Mühle wohl nicht nötig hatten. Die Flügel wurden entfernt, die Mühle verfiel, mehr als 60 Jahre lang. 1945 wechselte wieder der Besitzer, doch die Gemeinde Reichstädt hatte zunächst anderes zu tun, als sich um eine alte Mühle zu kümmern. Erst 1959/60 wurde die Mühle im Auftrag des Kulturbunds und des Dresdner Instituts für Denkmalpflege rekonstruiert und unter Denkmalschutz gestellt. Für das Flügelrad wurde eine gebrauchte Wasserradwelle eingebaut – die Reichstädter wussten sich zu helfen, wie sich Bauer Zönnchen einst zu helfen gewusst hatte. Paul Kühne, Ehrenmitglied des Heimatvereins Reichstädter Windmühle e.V., schreibt über diese Zeit: „Mit der Unterstützung des Institutes für Denkmalpflege Dresden ließ der Kulturbund von einem Handwerksbetrieb aus Mühlberg an der Elbe die Holländerwindmühle neu aufbauen. Sie erhielt ein schindelgedecktes Kegeldach, das durch ein außen angebrachtes Krühwerk – einen abgestürzten Sterz mit Schnecke und Kurbel – mittels einem Seil samt Flügeln im Wind gedreht wird. Über ein hölzernes Kammrad und das Stockgetriebe auf der Königswelle sollte ein Schrotgang als Schauanlage angetrieben werden.“

Doch lange konnte sich die DDR solcherart Pflege historischer Substanz nicht leisten. Zwanzig Jahre später war die Mühle wieder sanierungsbedürftig. 1982/83 wurden die Flügel samt Außenkrühwerk erneuert – eine mühevolle Arbeit, waren doch von den 1978 abgenommenen Flügeln nur noch Reste vorhanden. Doch aus diesen Überbleibseln und nach Fotos wurden die ursprünglichen Maße und Winkel der Flügel rekonstruiert. 1993 konnte schließlich auch das Schindeldach erneuert werden, 1995 wurde das Sandsteingebäude von innen und außen saniert.

Dreimal war die Reichstädter Mühle verfallen, dreimal fanden sich engagierte Bürger, die die Mühle wieder aufbauten. Schon 1983 wurde erstmals zu einem Windmühlenfest geladen, und nun wird wieder an jedem zweiten Pfingstfeiertag der Mühlentag an der Reichstädter Windmühle gefeiert.

Matthias Zwarg

Service

Reichstädter Windmühle
Hauptstraße 82a
01744 Dippoldiswalde, OT Reichstädt

Kontakt: Heimatverein
Reichstädter Windmühle e.V.
1. Vorsitzende Axel Bellmann
Tel.: 0 35 04/61 44 30

Gottfried Schumann – letzter Mühlenbauer Sachsens

Wasser auf die Mühlen

Eigentlich darf sie nicht klappern – die Mühle am rauschenden Bach. Dann sind sie also falsch, die Zeilen des Volksliedes, das jeder schon von Kindesbeinen an kennt? „Nein, nur ist es nicht die Mühle oder das Wasserrad, was da klappert. Das rhythmische Geräusch verursacht ein Rüttelschuh, der in jeder Mahlmühle unter dem Getreidetrichter hängt und dagegen schlägt. So rutscht das Getreide nach und fällt auf den Mühlstein", erklärt Gottfried Schumann.

Der 50-Jährige muss es wissen, denn er ist Sachsens einziger Muhlenbauer. Zwölf Betriebe dieser Zunft existieren bundesweit heute noch – der hiesige zählt zu den am meisten gefragten. Von Gottfried Schumann restaurierte Öl- und Mahlmühlen, Wasserräder, Stampfen, aber auch wassergetriebene Bergwerksanlagen finden sich mittlerweile nicht nur deutschlandweit, sondern auch in Österreich. Sie entstehen im Mühlenbaubetrieb in Mulda, im Landkreis Freiberg.

Die Schumannsche Handschrift tragen nicht nur der Frohnauer Hammer in Annaberg, die Saigerhütte in Olbernhau, der Freibergsdorfer Hammer in Freiberg oder der Eisenhammer in Dorfchemnitz. Viele andere Mühlen und technische Denkmale kommen hinzu.

Auch die Mühlenanlage im Deutschen Museum in München sowie eine ähnliche Wasserradanlage im Technischen Museum in Wien auf einer Fläche von rund 20 Quadratmetern erlebten ihre Geburtsstunde in Mulda.

Ebenso nahm einmal eines der größten Wasserräder Deutschlands mit dem gigantischen Durchmesser von 9,52 Meter einen

Turmhofschacht in Freiberg – Mitarbeiter der Firma Gottfried Schumann aus Mulda bei Reparaturarbeiten am Wasserrad. Vorn Robby Wolf beim Keile Einschlagen an der Zapfenwelle, hinten Hans Karel beim Vermessen. Foto: Eckardt Mildner

großen Teil des Schumannschen Firmenhofes ein. Heute dreht sich das Rad zur Freude der Besucher des Bergwerksmuseums Straßberg im Harz. „Für das Wasserrad haben wir 24 Kubikmeter Eichen- und Lärchenholz verarbeitet", entnimmt der Mühlenbauer den zu jedem Auftrag akribisch geführten Unterlagen. Selbst für eine motorgetriebene Windmühle in Garbsen bei Hannover setzte der sächsische Handwerker die Technik in Stand und restaurierte die Dachkonstruktion.

Schon seit 128 Jahren gehört der Mühlenbau der Familie zu Mulda, wie die Mulde seit Menschengedenken in diese Gegend. Als Gottfried Schumanns Urgroßvater damals als Zeugarbeiter begann, Mühlen zu bauen, „gab es allein in Mulda mehr als 14 Wasserradanlagen", weiß der Urenkel zu berichten. Ihm wurde seine Bestimmung sozusagen in die Wiege gelegt. Zwar erlernte er den Beruf des Werkzeugmachers, bevor er in den väterlichen Betrieb einstieg, doch „ich wollte schon als Kind Mühlen bauen", lacht der große, kräftige Mann mit den schweren Händen eines Arbeiters. Sein Vater weihte ihn Stück für Stück in die Geheimnisse des Mühlenbaus ein. „Aber so geheimnisvoll ist die Arbeit gar nicht. Man muss physikalische Gesetze beherrschen und handwerkliches Geschick beweisen", bringt es Schumann auf den Punkt. Er zeigt auf eine Meisterurkunde in seinem kleinen Büro über der Werkstatt und erzählt, dass der

Vater seinen Beruf einst an einer Mühlenbauerschule in Dresden erlernte. Sohn Gottfried, den Meisterbrief des Metallers in der Tasche, trägt wegen seiner Verdienste im Mühlenbau den Titel „Anerkannter Kunsthandwerker“, 1990 verliehen vom Ministerium für Kultur in der DDR. In vierter Generation führt er nun das Familienunternehmen und sorgt seit 1990 Mühle für Mühle dafür, dass Handwerksgeschichte lebendig bleibt.

Will man den Mühlenbauer in der Saydaer Straße in Mulda ausfindig machen, muss man sich eigentlich nur auf die eigene Nase verlassen. Denn der Geruch frischen Holzes verbreitet sich weit im Umfeld des Betriebshofes. Nicht selten liegen hier Eichenholzstämme bis zu einer Länge von zehn Metern. Von Hand müssen sie bearbeitet werden, so lange, bis sie ihre Funktion als Wellen für ein bestimmtes Wasserrad übernehmen können. „Für die Wasserräder nehmen wir meist Lärchenholz. Es ist mehr als andere Hölzer vom Harz durchtränkt und damit sehr widerstandsfähig gegen das Wasser“, erklärt der Meister.

Etwa die Hälfte einer jeden Mühle entsteht noch immer in reiner Handarbeit. Heutzutage brauchen die fünf Mühlenbauer und ein Lehrling im Schumannschen Betrieb rund fünf Wochen, um eine Anlage zu fertigen. Zu Großvaters Zeiten war das gut und gerne das Doppelte. „Die Holzarbeiten sind die gleichen wie einst, nur die maschinelle Unterstützung ist viel umfangreicher“, vergleicht Schumann, denn um seinen Betrieb hat der technische Fortschritt natürlich keinen Bogen gemacht. Jahrhunderte alt aber sind oft jene Pläne und Zeichnungen, nach denen die Mühlenbauer heute ihr Tagwerk verrichten. Manchmal haben sie es sogar mit Zeitzeugen aus dem 12. Jahrhundert zu tun, so wie bei der Klostermühle in Seligenstadt bei Frankfurt am Main. Das Studieren historischer Dokumente, das Umrechnen alter Maße in die „Neuzeit“ und das Tüfteln gehören bei jedem neuen Projekt zum Alltag – besser zum Allabend – des Meisters der Mühlen. Seine beiden Töchter finden ihren Vater dann meist im Büro – auch an den Wochenenden ist das so. Einfacher wird es

Der Mühlenbaumeister Gottfried Schumann (r.) und sein Mitarbeiter Stephan Ziller arbeitet 2003 in der Werkstatt in Mulda an einem Wasserrad mit einem Durchmesser von 5,25 Metern, das für die Hintere Mühle in Deutschneudorf bestimmt war. Bereits seit 1878 werden in der Erzgebirgsgemeinde in dem Familienunternehmen in vierter Generation Wasserräder, Hammerwerke, Öl- und Mahlmühlen gebaut und restauriert. Foto: Wolfgang Thieme

schon, wenn saubere, reißbrettgezeichnete Blätter eines Ingenieurbüros auf den Muldaer Werkbänken liegen, so dass die Mühlenbauer sofort ans Werk gehen können.

Um die 115 Mühlen sind unter Schumanns und den Händen seiner Mitarbeiter in den knapp 16 Jahren entstanden. Von ihren Besitzern, von Museen, Vereinen und Kommunen kommen die Aufträge. Denn man kennt den Mann aus Mulda in jenen Kreisen, wo die Mühlengeschichte ihren festen Platz hat. Schließlich engagiert er sich unter anderem als Vorstandsmitglied im Deutschen Mühlenverein und als stellvertretender Chef im Sächsischen Verein für den Erhalt dieser genialen Zeitzeugen des Handwerks.

„Jede Mühle ist anders, und immer wieder fasziniert es mich, was unsere Vorfahren mit so einfacher Technik und mit noch einfacheren Mitteln zu Wege brachten", meint der Mühlenbauer mit einem Leuchten in seinen Augen. „Oberstes Gebot ist, so viel wie möglich Originalteile zu erhalten. Was wirklich nicht zu retten ist, wird von uns nach altem Vorbild gestaltet." Ehe die Mühlenbauer selbst ans Werk gehen können, haben so um die 20 Zulieferfirmen für das Schumannsche Unternehmen bereits ihre Aufträge erledigt. Unter ihnen die beiden Sägewerke im Erzgebirge, die das Eichen- und Lärchenholz, aber auch das weichere Nadelschnittholz anliefern.

Schumann erinnert: „Mühlsteine braucht man auch. Die ganz alten Steine waren Süßwasserquarze und kamen aus Frankreich. Doch das Vorkommen existiert nicht mehr, deshalb fertigt man sie heute aus Beton."

Eng geht es in der Saydaer Straße in Mulda immer dann zu, wenn ein Sattelschlepper mit einer Mühle, einem Wasserrad, Mahlwerk oder ähnlichen Teilen auf Reisen geht. So traten beispielsweise vier dieser riesigen Lastzüge, beladen mit der restaurierten und teilweise neu gebauten Bergschiffmühle aus Bad Düben die Fahrt in das dortige Landschaftsmuseum an. Der Muldaer, der sich auch als Geschichtskenner erweist, hat somit der einzigen noch erhaltenen sächsischen Schiffsmühle neues Leben eingehaucht. Vor mehr als hundert Jahren noch waren Getreidemühlen, Holzsägewerke, Tuchwalkereien oder Papier- und Farbmühlen an Flüssen keine Seltenheit. Auf schiffsähnlichen Grundkörpern am Ufer verankert, verrichteten sie in der Flussströmung ihre Arbeit.

Für den Nachbau der rund 250 Jahre alten Bergschiffmühle, das Original war nicht mehr zu retten, verarbeitete der sächsische Mühlenbauerbetrieb für Schiffsrumpf und Antriebstechnik etwa sieben Tonnen Stahl. In den Holzteilen einschließlich der Schiffsbohlen stecken rund 25 Kubikmeter Lärche und Eiche. Seit dem letzten Hammerschlag der Muldaer Mühlenbauer kann die sorgfältig nachgebaute Anlage wieder im Freiluftmuseum Bad Düben bestaunt werden.

Längst ist Gottfried Schumann seiner nächsten Mühle auf der Spur – diesmal in Frankreich. Im französischen Kloster Fontenay im Burgund nahe der Stadt Dijon arbeitet er an dem Projekt der Europäischen Union „Jugend und Arbeit in einem sich verändernden Europa" mit. Die 1118 gegründete und bis heute gut erhaltene Abtei gilt als Prototyp zisterziensischer Klosterbaukunst und zählt zum Weltkulturerbe. Hier soll ein historisches Hammerwerk nachgebaut werden, das ursprünglich bereits im 12. Jahrhundert existierte. Neben Berufsschülern aus Deutschland sind Franzosen, Polen, Italiener, Rumänen und Tschechen an dem Projekt beteiligt. Junge Leute aus sieben Berufsschulen der einzelnen Länder arbeiten mit. Gottfried Schumann steht in dem etwa zweijährigen Vorhaben den jungen Leuten als Fachmann beratend zur Seite. Aber er baut auch selbst an dem originalgetreu nachempfundenen Hammerwerk mit. Und auch in Deutschland warten schon weitere Mühlen auf ihn, an denen gewaltig der Zahn der Jahrhunderte genagt hat.

Über Mühlenbauernachwuchs für die Firma denkt Gottfried Schumann schon manchmal nach – vielleicht wird es ja einmal ein Schwiegersohn, der irgendwann dafür sorgt, dass (nicht) die Mühle am rauschenden Bach klappert …

Astrid Ring

Service

Mühlenbaubetrieb Mulda
Saydaer Straße 5
09619 Mulda

Kontakt: Gottfried Schumann
Tel.: 03 73 20/86 70

Besichtigungen: Mühlentag 10–17 Uhr

Weitere Mühlen in Sachsen

Kreis Annaberg

Blechmühle Königswalde

Lindenstraße 14, 09471 Königswalde
Jens Mühlig, Tel: 0 37 33/22 73
E-Mail: postmaster@muehlentour-silberstrasse.de
Erhielt ihren Namen, da sie als einzige Mühle ein Blechdach besaß

Mahlmühle und Bäckerei Schwarzbach

Am Schwarzbach 11
09481 Schwarzbach
Horst Döring, Tel: 03 73 49/72 75
E-Mail: postmaster@muehlentour-silberstrasse.de
Inneneinrichtung komplett erhalten, knuspriges Brot im Angebot

Sägewerk Fröhner Königswalde

Bärensteiner Straße 1,
09471 Königswalde
Herr Fröhner, Tel: 0 37 33/22 80 84
E-Mail: postmaster@muehlentour-silberstrasse.de
Seltenes historisches Handwerk: Wasserrohre und Dachrinnen aus Holz

Sägemühle Neubert

Talstr. 1, 09477 Mittelschmiedeberg
Ottmar Neubert, Tel.: 03 73 43/8 83 54
E-Mail: sachsen@muehlen-dgm-ev.de
Vor 1846 errichtete Sägemühle mit kompletter Technik, Francis-Turbine von 1912, Sägegatter von 1846 und 1916

Kreis Aue-Schwarzenberg

Siebenschlehener Pochwerk Schneeberg-Neustädtel

Lindenauer Straße 22
08289 Schneeberg/Neustädtel
Peter Günther, Tel: 0 37 72/2 26 36
E-Mail: postmaster@muehlentour-silberstrasse.de
Geschichtliche und technische Rarität: die letzte noch erhaltene Pochwerksanlage

Silberwäsche Antonsthal

Jägerhäuser Straße 17, 08357 Antonsthal
Rolf Junghans, Tel: 0 37 74/2 52 22
E-Mail: postmaster@muehlentour-silberstrasse.de
Liebevoll restauriertes Museum macht mit Bergbau der Region bekannt

Papiermühle Weigel

Karlsbader Str. 80, 08355 Rittersgrün
Werner Weigel, Tel.: 03 77 57/72 16
Email: sachsen@muehlen-dgm-ev.de
Papiermühle, Wasserkraftanlage, Anlagen zur Pappenherstellung, Holzschleiferei, privates Museum

Kreis Bautzen

Pink-Mühle Großdöbschütz

Dorfstr. 5, 02692 Großdöbschütz
Johannes Pink, Tel. 03 59 38/97 68
E-Mail: sachsen@muehlen-dgm-ev.de
Wassermühle mit großem mittelschlächtigen Wasserrad an der Spree (zur Zeit defekt)

Kreis Delitzsch

Bockwindmühle Niederglaucha

Dorfstraße 83
04838 Zschepplin, OT Glaucha
Herr Wolkwitz, Tel. 03 42 43/2 49 06
Voll intakte, sehr gut erhaltene Bockwindmühle

Bockwindmühle Selben

Zschortauer Str. 11, 04509 Selben
Werner Weißmann
Tel.: 03 42 02/5 18 59
Gut erhaltene Mühle mit kompletter Einrichtung

Bockwindmühle Sommerfeld Tiefensee

Dorfstraße 73
04849 Bad Düben, OT Tiefensee
Familie Sommerfeld
Tel.: 03 42 43/2 46 32
Rekonstruierte Motormühle

Bockwindmühle Hohenroda

Krensitzer Straße 24 a
04509 Schönwölkau
Tel.: 03 42 95/7 23 33
Wurde 1997 an diesen Standort umgesetzt und rekonstruiert

Obermühle Bad Düben

Parkstraße 1, 04849 Bad Düben
Katharina Scharr
Tel.: 03 42 43/2 19 76
Wassermühle mit kompletter Einrichtung

Kreis Döbeln

Margaretenmühle

Nr. 24, 04741 Roßwein, OT Naußlitz
Henry Firley, Tel.: 0 34 31/70 28 43
E-Mail: margaretenmuehle@t-online.de
Ehemalige Wassermühle wurde 1555 erstmals erwähnt. Heute ist aus der Mühle ein renommiertes Gasthaus mit Hotel und ein touristisches Ausflugsziel geworden. Teile der Mühlentechnik sind noch vorhanden.

Kreis Freiberg

Freibergsdorfer Hammer

Hammerweg 4, 09599 Freiberg
Bernd Zimmermann,
Tel.: 0 37 31/27 32 65
E-Mail: sachsen@muehlen-dgm-ev.de
Restauriertes Hammerwerk mit Wasserrad, Schmiedehämmer, Blasebalg

Mittelmühle Friedebach

Freiberger Str. 8, 09619 Friedebach
Wilfried Kaltofen, Tel.: 03 73 65/13 52
E-Mail: sachsen@muehlen-dgm-ev.de
Öl- und Getreidemühle mit Wasserkraft (neues Wasserrad); Gaststätte

Ölmühle Willy Weises Erben

Dorfstraße 5, 09627 Oberbobritzsch
Heike Fleischer, Tel.: 03 73 25/62 04
E-Mail: sachsen@muehlen-dgm-ev.de
Voll funktionsfähige Ölmühle, produzierender Handwerksbetrieb, Schneckenpressen

Obermühle Großhartmannsdorf

Hauptstraße 183
09618 Großhartmannsdorf
Steffen Bohrmann, Tel: 03 73 29/2 83
E-Mail: postmaster@muehlentour-silberstrasse.de · Produziert Futtermittel mit alter und neuer Technik

Mortelmühle Sayda

Mortelgrund, 09619 Sayda/Erzgebirge
Toralf Richter, Tel.: 01 77/2 47 37 73
E-Mail: sachsen@muehlen-dgm-ev.de
Ruine einer Wassermühle, ehemals Mahlmühle und Gasthaus

Kröhnertmühle Burkersdorf

Frauensteiner Straße 2
09623 Frauenstein, OT Burkersdorf
Thomas Wendler, Tel.: 03 73 26/8 41 27
E-Mail: ReitTamara@aol.com
Ehemalige Wassermühle mit Technik einer Mahlmühle von ca. 1920

Leipzig und Kreis Leipziger Land

Kretzschmarmühle Leipzig

Rehbacher Str. 83, 04249 Leipzig
Günter Kretzschmar,
Tel.: 03 41/4 28 35 80
E-Mail: sachsen@muehlen-dgm-ev.de
Turmwindmühle, nicht funktionsfähig, eisernes Flügelkreuz, Futterschroteinrichtung

Lindigtmühle am Lindenvorwerk im Kohrener Land

04655 Kohren-Sahlis, Linda Nr. 34
Michael Theile, Tel. 03 43 44/6 68 77
Peter Hetzer, Tel. 03 43 44/6 12 85
E-Mail: MichaelTheile@gmx.de
Wassermühle von 1524 mit oberschlächtigem Wasserrad und einem Mahlgang, Schrotgang

Brounsdorfer Bockwindmühle

Windmühlenstraße
04654 Frohburg, OT Schönau
Arno Heinicke
E-Mail: sachsen@muehlen-dgm-ev.de
Bockwindmühle, 1995 wiedererrichtet, Jalousieflügel

Die Kretschmarmühle in Leipzig. Der Zahn der Zeit hat an dem Bauwerk und seinen Innereien schon deutliche Spuren hinterlassen. Foto: Andreas Judefeind

Kreis Löbau-Zittau

Berthold-Mühle Oberoderwitz

Dorfstraße 25
02791 Oderwitz, OT Oberoderwitz
Jürgen Berthold, Tel.: 03 58 42/2 74 70
E-Mail: sachsen@muehlen-dgm-ev.de
Getreidemühle mit Elektroantrieb, produzierender Betrieb

Birkmühle Oberoderwitz

Birkmühlstraße 12
02791 Oderwitz, OT Oberoderwitz
Roland Schicktanz, Gerald Rönsch
Tel./Fax.: 03 58 42/2 65 60
E-Mail: sachsen@muehlen-dgm-ev.de
Bockwindmühle, mit Mahlgang und Fahrstuhl, drei Walzenstühlen,

Bockwindmühle Kottmarsdorf
Obercunnersdorfer Straße 4,
02730 Kottmarsdorf
Christa und Bernd Dreßler,
Tel.: 03 58 75/6 23 95
E-Mail: sachsen@muehlen-dgm-ev.de
Bockwindmühle, funktionsfähige Schauanlage; zwei Mahlgänge, zwei Sichter, zwei Kühltrommeln vorhanden

Kreis Meißen

Wassermühle Fichtenmühle
Meißner Straße 10
01665 Triebischtal, OT Garsbach
Viola Winkler, Tel.: 0 35 21/45 33 73
E-Mail: info@fichtenmuehle.de
Wassermühle mit Turbinenantrieb, produzierender Betrieb

Mühle Miltitz, Furkert-Bartsch
Talstraße 14
01665 Triebischtal, OT Miltitz
Alexander Bartsch,
Tel.: 03 52 44/4 18 41 Fax: 4 18 72
E-Mail: a.bartsch@muehle-miltitz.de
Wassermühle mit Francis-Turbine, produzierender Betrieb, Mühlenladen

Die Mühle Furkert-Bartsch in Miltitz beeindruckt durch ihre Größe. Das an der Triebisch gelegene Gebäude ist ein produzierender Betrieb mit moderner Mühlentechnik, im Bild Altmüller Walter Bartsch an einem der zahlreichen Walzenstühle. Foto: Andreas Judefeind

Schloßmühle Schieritz
Quergasse 8, 01665 Schieritz,
Gemeinde Diera-Zehren
Konrad Andrä, Tel.: 03 52 47/5 14 46
oder 030/4 23 29 01
E-Mail: konrad.andrae@gmx.de
Wassermühle, oberschlächtiges Wasserrad 1996 erneuert

Mittelmühle Garsebach
Meißener Straße 4, 01665 Garsebach
Reinhard Müller, Tel.: 0 35 21/45 30 34
E-Mail: sachsen@muehlen-dgm-ev.de
Getreidemühle mit Walzenstühlen und Schrotgang, eingeschlossen ist eine Bäckerei mit Kohle-Backofen

Windmühle Boxdorf
01468 Gemeinde Moritzburg,
OT Boxdorf, Landkreis Meißen
Gottfried Pietzsch
Tel.: 03 51/8 36 29 25
E-Mail: sachsen@muehlen-dgm-ev.de
1849 Bau einer Holländerwindmühle bis 1887 in Betrieb

Neidmühle Roitzschen
Talstraße 46, 01665 Roitzschen,
Gemeinde Triebischtal
Dieter Vogt, Talstraße 46,
01665 Roitzschen, Gemeinde Triebischtal, Tel.: 03 52 44/4 13 71
E-Mail: sachsen@muehlen-dgm-ev.de
Wassermühle unweit der Triebisch mit ehemals zwei oberschlächtigen Wasserräden, Mühlenkeller mit teilweise noch vorhandener Technik, Nebengelass mit Ausstellung von Gebrauchsgegenständen, Seitengebäude mit Kuhstall, Schweinestall und Vorratskeller

Preiskermühle Semmelsberg
Semmelsberg, unweit von Meißen, am Ufer der Kleinen Triebisch bevor sie in die Große Triebisch mündet
Familie Flade, Zur Preiskermühle 12,
01665 Semmelsberg / Triebischtal,
OT Semmelsberg
E-Mail: Markus.Flade@web.de
Erbaut um 1723, seit 1989 Leerstand, seit 2003 neuer Besitzer Fam. Flade, Stopp des Verfalls, Beginn der Sanierung, seit Juni 2004 wieder bewohnt

Mittlerer Erzgebirgskreis

Dörnthaler Ölmühle
Hauptstr. 47, 09526 Pfaffroda-Dörnthal
Christl Braun, Tel.: 03 73 60/61 92
E-Mail: sachsen@muehlen-dgm-ev.de
Sehr alte, funktionsfähige Ölmühle (Schneckenpressung, Transmissionsantrieb), produzierender Betrieb

Hintere Mühle Deutschneudorf
Talstraße 60, 09548 Deutschneudorf
Maria und Eberhard Roscher,
Tel.: 03 73 68/2 22
E-Mail: sachsen@muehlen-dgm-ev.de
Wasserkraftdrehwerk, Schauwerkstatt mit Holzdrehbänken und Wasserrad

Braun Mühle Dörnthal
Hauptstraße 55
09526 Pfaffroda-Dörnthal
Gunter Braun, Tel.: 03 73 60/62 50
E-Mail: GnBraun@aol.com
In Restaurierung befindliche Mehlmühle mit Wasserkraft (Turbine und großes Schauwasserrad) aus dem Anfang des 20. Jhd., rustikaler Holzbrandbackofen, Erlebnisgastronomie mit Deftigem rund um's Korn und Leinöl

Leinöl – Spezialität aus dem Erzgebirge – wird in Dörnthal gepresst. Die alte Mühle ist seit Generationen im Familienbesitz. Foto: W. H. Schmidt

Höllenmühle Streckewalde

Höllenmühle 34,
09518 Großrückerswalde,
OT Streckewalde, Tilo Viertel,
Tel.: 03 73 69/8 88 73 Fax: 84 98 49
Email: tilo.viertel@t-online.de.de
Getreidemühle mit Wasserkraft (Turbinenanlage), funktionsfähig, kompl. Einrichtung

Öl- und Mahlmühle Lippersdorf

Hauptstraße 38
09514 Lengefeld, OT Lippersdorf
Peter Braun, Tel.: 03 73 67/8 26 45
E-Mail: sachsen@muehlen-dgm-ev.de
Wassermühle mit Wasserrad (6,40 m Durchmesser), funktionsfähig; Einrichtung: Stampfwerk, Kollergang, hydraulische Presse, Walzenstuhl, Ausmahlmaschine

Sägewerk-Legler-Holz Großrückerswalde

Hirschleite, 09518 Großrückerswalde
Gebrüder Legler, Tel.: 0 37 35/2 23 60
E-Mail: sachsen@muehlen-dgm-ev.de
Produzierendes Sägewerk seit 1730 mit Gatter, Besäumsäge, Holzwollemaschine, Hobelmaschine und Turbine

Schwarzmühle Börnichen

Schwarzmühle 1, 09437 Börnichen
Konrad Martin
E-Mail: sachsen@muehlen-dgm-ev.de
Produzierende Drechselei, komplette Werkstatt, Turbinenantrieb

Kreis Mittweida

Lang-Mühle Wiederau

Lunzenauer Str. 82, 09306 Wiederau
Karl Hunger, Tel.: 03 72 02/84 47
E-Mail: sachsen@muehlen-dgm-ev.de
Mahl- und Schneidemühle mit Wasserkraft, seit 1970 außer Betrieb, alle Maschinen erhalten

Mühlenregion Nordsachsen (Auswahl)

Wassermühle Badrina

Leipziger Straße 2
04509 Schönwölkau, OT Badrina
Christine Horchheimer
Tel.: 03 42 08/7 02 26
E-Mail: info@muehlen-nordsachsen.de
Ehemalige Wassermühle und Dampfbäckerei mit altdeutschem Backofen
Geplante Aktivitäten: Besichtigung/Führung, Bewirtung, kulturelle Umrahmung, www.muehlen-nordsachsen.de

Bockwindmühle Döbler Löbnitz

Delitzscher Straße 28, 04509 Löbnitz
Werner Döbler, Tel.: 03 42 08/7 01 25
E-Mail: info@muehlen-nordsachsen.de
Bockwindmühle (äußerlich restauriert, Flügel 1994), mit Schrotgang und Haferquetsche

Bockwindmühle Selben

Zschortauer Straße 11, 04509 Selben
Werner Weißmann,
Tel.: 03 42 02/5 18 59
E-Mail: info@muehlen-nordsachsen.de
Gut erhaltene Bockwindmühle mit kompletter Mühleneinrichtung

Mühle Kräger Laußig

An der Mühle 1, 04838 Laußig
Familie Kräger, Tel.: 03 42 43/2 22 27
E-Mail: info@muehlen-nordsachsen.de
Integration von Büroräumen in die ehemalige Motormühle

In der Obermühle Bad Düben. Foto: Jens Hübner

Bockwindmühle Authausen

Görschlitzer Straße 8, 04849 Authausen
Gemeinde Kossa, Tel.: 03 42 43/7 28 95
E-Mail: info@muehlen-nordsachsen.de
Bockwindmühle, rekonstruiert

Jürgen Boeltzig ist Müllermeister und Juniorchef der Neumühle in Skassa. Auf dem Walzenboden kontrolliert er in der Weizenmühle am Walzenstuhl für die erste Auflösung die Beschaffenheit des Mahlgutes. Im Hintergrund, links sind die Walzenstühle der Roggenmühle zu sehen. Foto: Andreas Judefeind

Bockwindmühle Fiehn Authausen

Görschlitzer Straße 7, 04849 Authausen
Gemeinde Kossa, Tel.: 03 42 43/7 28 95
Email: info@muehlen-nordsachsen.de
Bockwindmühle, äußerlich rekonstruiert

Mühle Trossin

Dahlenberger Str.aße 1, 04880 Trossin
Sabine Rühlmann, Tel.: 03 42 23/4 04 47
E-Mail: info@muehlen-nordsachsen.de
Ehemalige Wassermühle, produzierende Getreide-, Mahl- und Schälmühle

Windmühle Beilrode

Ernst-Thälmann-Straße 160
04886 Beilrode
Dr. Kramer, Tel.: 0 34 21/70 72 49
E-Mail: info@muehlen-nordsachsen.de
Holländermühle – rekonstruiert, Einrichtung vorhanden

Dorfmühle Dahlenberg

Hauptstraße 9, 04880 Dahlenberg
Herr Prätzel, Tel.: 01 71/3 18 76 87
E-Mail: info@muehlen-nordsachsen.de
Wassermühle in Rekonstruktion

Bockwindmühle Schkeuditz

Kursdorfer Straße 7, 04435 Schkeuditz
Max Perl, Tel.: 03 42 04/6 42 49
E-Mail: info@muehlen-nordsachsen.de
Bockwindmühle, rekonstruiert

Muldentalkreis

Bockwindmühle Ebersbach

Thierbaumer Straße 15
04651 Bad Lausick, Christian Graichen, Tel.: 03 43 41/4 26 66
E-Mail: sachsen@muehlen-dgm-ev.de
Sehr gut erhaltene, restaurierte Bockwindmühle mit alter Technik

Bockwindmühle Kühnitzsch

04808 Kühnitzsch, Mühlenweg
zwischen Kühnitzsch und Trebelshain
Kerstin Kaltofen, Tel.: 03 42 62/6 28 45
Angela Hübner, Tel.: 03 42 62/6 17 66
Günter Hübner, Tel.: 03 42 62/6 28 10
E-Mail: angela_huebner@yahoo.de
Sehr gut erhaltene Bockwindmühle inkl. Innenausstattung

Kreis Riesa-Großenhain

Böltzig Mühle Raden

Mühlenweg 2
01609 Röderau, OT Raden
Christian Böltzig, Tel.: 03 52 63/6 85 61
E-Mail: sachsen@muehlen-dgm-ev.de
Wassermühle und Sägewerk, produzierend, mit funktionsfähigem Wasserrad

Neumühle Skassa

Neumühle, 01561 Skassa
Wilfried Boeltzig, Tel.: 0 35 22/31 01 46
E-Mail: sachsen@muehlen-dgm-ev.de
Wassermühle, produzierend, Weizen- und Roggenmehlproduktion, Wasserkraftwerk

Kreis Sächsische Schweiz

Zwieselmühle Berggießhübel

An der Zwieselmühle 2
01819 Berggießhübel, OT Zwiesel
Werner Hering, Tel.: 03 50 23/6 24 61
E-Mail: sachsen@muehlen-dgm-ev.de
Schneidemühle mit Vollgatter, Besäum- und Kappsäge

Kirchmühle Langenwolmsdorf

Hauptstraße 44
01833 Langenwolmsdorf
Horst Lehmann, Tel.: 03 59 73/2 63 81
E-Mail: sachsen@muehlen-dgm-ev.de
Wassermühle mit Wasserradantrieb, kompl. Einrichtung, funktionsfähig

Kreis Torgau -Oschatz

Mühle Großwig

Schulstraße 4, 04860 Süptitz
Georg Jahn, Gemeindeverwaltung
Dreiheide, Tel.: 0 34 21/7 21 70
E-Mail: Gemeinde_Dreiheide@
t-online.de
Rekonstruierte Bockwindmühle

Sächsische Turmwindmühle Friedemann Paschwitz

Mühlweg 4, 04838 Paschwitz
Edgar Friedemann,
Tel.: 0 34 23/75 48 48
E-Mail: info@muehlen-nordsachsen.de
Bis 1997 produzierende Turmwindmühle, Denkmal

Mühle Trossin

Dahlenberger Straße 1, 04880 Trossin
Sabine Rühlmann,
Tel.: 03 42 23/4 04 47
Produzierende Getreide-, Mahl- und Schälmühle

Auf dem Eselhof in Nechern. Foto: W. H. Schmidt

Vogtlandkreis

Ketzel-Mühle Netzschkau

Brückenstraße 6 b, 08491 Netzschkau
Andreas Ketzel, Tel.: 0 37 65/3 14 46
E-Mail: sachsen@muehlen-dgm-ev.de
Getreidemühle, bis 1991 in Betrieb,
Walzenstühle, Sackklopfmaschine,
zwei Turbinen

Weißeritzkreis

Illing-Mühle Reichenau

Gimmlitztal 103, 01762 Reichenau
Dieter und Uta Popp,
Tel.: 03 73 26/97 00
E-Mail: d.popp@illingmuehle.de
Schneidemühle mit Wasserrad,
komplette Ausstattung (1900–1930)
22-PS-Dieselmotor, 8-kW-E-Motor

Herklotz-Mühle Seyde

Rehefelder Straße 1,
01776 Hermsdorf, OT Seyde
Matthias Herklotz,
Tel.: 03 50 52/6 76 22
E Mail: info@elektro-schluessel-herklotz.de

Trumplermühle Reichstädt

Hauptstraße 92
01744 Dippoldiswalde, OT Reichstädt
Heike und Jan Bellmann
Funktionstüchtige Schrotmühle mit
Mahlgang und Quetsche

Kreis Zwickauer Land

Gräfenmühle Neukirchen

Pestalozzistraße 21,
08459 Neukirchen/Pleiße
Egon Brandt, Tel./Fax: 0 37 62/93 14 94
E-Mail: info@lpv-westsachsen.de
Ehemalige Wassermühle, Gebäude 1725,
Mahltechnik 1930 ff, Turbine 1950,
aktive Mühle bis 1992, vollständige
Technologie erhalten, Mühlenmuseum

Foto: Jens Kraus

Brenner-Mühle Wildenfels

Waldstraße 3, 08134 Wildenfels
Frieder Brenner,
Tel.: 03 76 03/5 83 46, Fax: -5 83 47
E-Mail: k.jenkner@t-online.de

Teichmühle Wildenfels

Wiesenburger Straße 32
08134 Wildenfels
Roland Härtwig, Tel: 03 76 03/29 72
E-Mail: postmaster@muehlentour-silberstrasse.de
Komplett erhaltene Anlage Mahltechnik
aus dem vergangenen Jahrhundert

Wassermühle Steinpleis

Standort: Mühlenweg 1,
08432 Steinpleis
Kontaktperson: Jürgen Decker,
Tel.: 0 37 61/5 83 05
E-Mail: sachsen@muehlen-dgm-ev.de
Beschreibung: Wassermühle, außer
Betrieb, wird als Museum erhalten,
Mühle und Hotel

Auf Mühlentour in Sachsen

Mühlentour entlang der Silberstraße

Im Erzgebirge bietet sich die Silberstraße für Mühlentouren geradezu an. Über 230 Kilometer führt sie – gut ausgeschildert – aus dem Zwickauer Raum an 48 Städten und Gemeinden vorbei nach Dresden. Links und rechts der Tour finden die Besucher viele, in diesem Buch ausführlich beschriebene technische Wunderwerke, die oft schon Jahrzehnte die Landschaft prägen.

Steigen sie in Zwickau in die Silberstraße Richtung Westerzgebirge ein, dann führt ihr Weg über Wilkau-Haßlau nach Schneeberg, Aue und Schwarzenberg. Von dort geht es weiter nach Annaberg und Marienberg. Auf diesem Streckenabschnitt berührt die Silberstraße die geschichtsträchtigen Städte und Gemeinden Waschleithe, Scheibenberg, Frohnau, Geyer und Ehrenfriedersdorf ebenso wie Mauersberg auf der Route nach Marienberg.

Pobershau, Pockau und Olbernhau sind weitere Stationen in Richtung Seiffen. Und von dort geht es in nördlicher Richtung über Neuhausen, Sayda, Pfaffroda und Dörnthal nach Großhartmannsdorf, wo nach wenigen Kilometern Brand Erbisdorf und die Bergstadt Freiberg erreicht werden.

Diese Mühlentour entlang der Silberstraße endet dann im ostsächsischen Raum – vorbei an Naundorf, Grillenberg, Freital und Tharandt – in der Landeshauptstadt.

Mühlentour an der Spitzenstraße

Auch das Vogtland hat dazu einiges zu bieten. In Gestalt der vogtländischen Spitzenstraße. Anders als viele deutsche Touristenstraßen ist dieser Weg als Rundkurs ausgelegt. An vielen Stationen kann sich der Besucher mit der Geschichte und Herstellung der weltberühmten Plauener Spitze vertraut machen. Zentraler Ausgangskurs ist die Vogtlandmetropole mit seinem Spitzenmuseum. Der Rundkurs berührt die Städte Reichenbach, Treuen, Auerbach, Falkenstein, Ölsnitz und Weischlitz. Er schließt sich über Taltitz, Gefell, Mühltroff, Syrau Trieb und Brockau. Je nach „Einstieg" in den Rundkurs sind Mühlen in Lengenfeld, Netzschkau oder Syrau besonders empfehlenswert.

Mühlentour an der Sächsischen Weinstraße

Entlang der Sächsischen Weinstraße haben sich auch, und naturgemäß der reichen Wasservorkommen wegen, zahlreiche Mühlen angesiedelt. Die 1992 gegründete Tour führt von Diesbach-Seußlitz über 55 Kilometer bis zum Tor der Sächsischen Schweiz nach Pirna, vorbei an den geschichtsträchtigen Städten Meißen, Radebeul und Dresden.

Empfehlenswert ist diese Tour vor allem wegen der Möglichkeit, so bekannte Mühlen wie in Klipphausen, Schieritz, Garsebach oder Dresden-Podemus zu besuchen – und wegen der Chance, die einmalige Kulturlandschaft des Elbtals zu erkunden. Radwanderer können die Strecke auf dem Elbradwanderweg, der direkt an der Elbe entlang führt, sehr bequem erradeln. Und jenen, die ohne Auto oder Fahrrad auf Tour gehen, ist ein Weinwanderweg zu empfehlen, der alle Weingüter und Weingaststätten miteinander verbindet.

Mühlentour in Nordsachsen

In der nordsächsischen Region um Torgau – Eilenburg – Delitzsch findet der Mühleninteressierte die größte Windmühlendichte Deutschlands. Westlich der Mulde feiert ein Mühlenwanderweg inzwischen sein 20-jähriges Jubiläum, geleitet vom regionalen Maskottchen „Hans von der Mühle", ein Müllersbursch' mit sackbepacktem Esel.

Im Ausbau ist dort ein noch größerer Radwanderweg, der über 130 Kilometer 17 Mühlen wie Perlen an einer Kette vereint. Besuchermagnet sind vor allem urige Bockwindmühlen in den Ortschaften Kyhna, Freiroda, Niederglaucha, Löbnitz, Reibitz, Selben und Tiefensee. Bad Düben empfiehlt sich außerdem mit drei Wassermühlen, darunter Deutschlands einzig erhaltene Bergschiffsmühle.

Ölmühle Lippersdorf ▸

Diese Mühlen sind im Buch ausführlich beschrieben.

Region Erzgebirge/Vogtland

Kreis Annaberg
1 Frohnauer Hammer in Annaberg-Buchholz
2 Neubert-Mühle in Mittelschmiedeberg

Kreis Aue-Schwarzenberg
3 Weigelmühle in Rittersgrün
4 Süss-Mühle in Raschau

Kreis Chemnitzer Land
5 Rote Mühle in Hohenstein
6 Mühle in Langenchursdorf
7 Wetzelmühle in Niederfrohna
8 Obermühle St. Peter in Niederlungwitz
9 Sägewerk und Mühle in Wolkenburg

Kreis Freiberg
10 Eisenhammer in Dorfchemnitz
11 Mittelmühle in Friedebach
12 Wünschmannmühle in Krum.-hennersdorf
13 Dampfsägewerk in Mulda

Mittlerer Erzgebirgskreis
14 Rochhausmühle in Grünhainichen
15 Spanziehmühle in Grünhainichen
16 Braunmühle in Olbernhau
17 Kupferhammer Saigerh. in Olbernhau
18 Ölmühle in Pockau
19 Nennigmühle in Pockau
20 Drehwerk im Freilichtmuseum in Seiffen
21 Rolle-Mühle in Waldkirchen

Kreis Stollberg
22 Knochenstampfe in Dorfchemnitz
23 Papiermühle in Niederzwönitz
24 Wiesenmühle in Thalheim

Vogtlandkreis
25 Klopfermühle in Lengenfeld
26 Windmühle in Syrau

Kreis Zwickauer Land
27 Kreutzsteinmühle in Blankenhain
28 Klatzschmühle in Schlunzig
29 Niedermühle in Schönau

Region Leipziger Land

Kreis Delitzsch
30 Bergschiffmühle in Bad Düben
31 Stadtmühle in Bad Düben
32 Bockwindmühle in Reibitz

Kreis Döbeln
33 Schanzenmühle in Tautendorf
34 Wassermühle Simselwitz in Mochau

Kreis Leipziger Land
35 Wassermühle in Dölitz
36 Kretzschmarmühle in Leipzig

Muldentalkreis
37 Bockwindmühle in Ballendorf
38 Wasser- u. Schiffsmühle in Höfgen

Kreis Torgau-Oschatz
39 Paltrockmühle in Audenhain
40 Mühle in Großwig

Region Ostsachsen

Kreis Bautzen
41 Fehrmannmühle in Coblenz
42 Riegel-Mühle in Nechern

Stadt Dresden
43 Zschoner Mühle in Dresden

Kreis Löbau-Zittau
44 Niedermühle in Lawalde

Kreis Meißen
45 Niedermühle in Graupzig
46 Lehmannmühle in Klipphausen
47 Mühle Funkert-Bartsch in Miltitz

Kreis Riesa-Großhain
48 Turmholländermühle in Pahrenz

Kreis Sächsische Schweiz
49 Max-Bähr-Mühle in Bad Gottleuba

Weißeritzkreis
50 Mühle und Bäckerei in Bärenhecke
51 Mühle in Colmnitz
52 Weicheltmühle in Reichenau
53 Windmühle in Reichstädt

Worterklärungen

Aufschlagwasser
für Wasserkraftmaschinen bereitgestelltes Wasser, das zum Beispiel auf Wasserräder „aufschlägt“

Göpel
ein mit Pferden betriebenes Mühlenwerk

Kammrad
erstes Getrieberad einer Mühle mit um die Achse angeordneten Kämmen

Kollergang
aus drei Steinen bestehender Mahlgang: auf einem flachen Stein laufen zwei weitere Steine, die durch ihr Gewicht Ölfrüchte und Papierrohstoffe zerkleinern

Krühen/Krühwerk
das Drehen der Mühle in den Wind und die entsprechenden Vorrichtungen dazu

Lohstampfe
oder auch Lederstampfe – diente der Lederaufbereitung; mit ihr wurde das Leder weichgestampft

Mahlgang
besteht aus einem liegenden Bodenstein und einem sich darauf drehenden Läuferstein

Mühlenarten
siehe S. 14 ff.

Rüttelschuh
sich hin und her bewegende Rutsche, die das Getreide vom Trichter zu den Mühlsteinen befördert; der Rüttelschuh erzeugt das Klappern der Mühle

Turbine (Francis- und Kaplan-Turbine)
bei der Franics-Turbine strömt das Wasser durch ein schneckenförmig gekrümmtes Rohr über einen Leitapparat mit verstellbaren Schaufeln auf die gegenläufig gekrümmten Schaufeln des Laufrades; die Kaplan-Turbine gleicht einem Schiffspropeller, durch dessen verstellbare Schaufeln das Wasser strömt

Walzenstuhl
Nachfolger des Steinmahlgangs; das Getreide wird mittels zweier geriffelter, mit unterschiedlicher Geschwindigkeit gegeneinander laufender Metall- oder Porzellanwalzen gemahlen

Wasserrad
oberschlächtig: Zuführung des Wassers durch ein oberhalb des Rades liegendes Gerinne
unterschlächtig: das Wasser strömt auf die unteren Schaufeln des Wasserrades
mittelschlächtig: das Wasser trifft etwa in der Höhe der Achse auf das Wasserrad

Zuppingerrad
unter- oder mittelschlächtiges Wasserrad; Eisengerüst mit gekrümmten Schaufelträgern, auf die hölzerne Schaufelbretter montiert sind